河合塾
SERIES

教科書だけでは
足りない

大学入試攻略

7日間完成
データの分析

河合塾講師　堂前 孝信
戸田 光一郎
中村 敬一
福眞 剛司

共著

改訂版

河合出版

はじめに

　「データの分析」は2012年施行の学習指導要領から高校数学の数学 I に登場した単元で，ここで学習する内容は大きく分けて「データの読み取り」と「代表値の計算」になります．

　「データの分析」については高校の教科書で扱われている内容は決して難しいものではなく，一つ一つを丁寧に理解して行けばよいのですが，実際に大学入試センター試験（以下，センター試験），大学入学共通テスト（以下，共通テスト）で出題されてきた内容をみると，教科書で扱っている内容から逸脱していることはないが，データの数が非常に多くて着眼点をしっかりもたないと判断が難しかったり，図を選ぶにも訓練が必要になるものが散見されています．共通テストでは数学 I で扱われる単元は必修であるため対策が必要であり，また2次・私大試験でも出題が増えています．

　そこでこの問題集は自学自習することを想定して，内容をできる限り絞り，短時間で「データの分析」の学習が一通りできるように作成しました．
• 図の読み取りについては，センター試験，共通テストなどで実際に出題された問題を「ヒストグラム」「箱ひげ図」「散布図」に分けてパターン分析し，解法をまとめました．
　　具体的には，「ヒストグラム」から「散布図」を選ぶとか，「散布図」から「箱ひげ図」を選ぶなど出題パターンを分析し，パターンごとに図を選別する際の着眼点が確認できるよう配慮しました．また，図の微妙な違いがわかることが必要なものについては多くの図を掲載し，違いが判断できるようにしました．
• 代表値の計算については実際に問題を解くとき効率よく計算を行うことを最優先して，その計算方法を徹底的にマスターできるよう配慮しました．また，2次・私大試験での出題を想定して他分野との融合問題も扱っています．

　この問題集を仕上げることで，「データの分析」の理解を深め，自信をもって試験に臨めることを期待しています．

本書の特徴と使い方

本書の構成は次の通りです．

第1章　用語の確認 …「データの分析」で必要な用語の定義を中心にまとめてあります．理解の助けに具体例を掲載しています．一つ一つ手を動かして自分で確認してください．

第2章　重要テーマの演習 … 重要テーマごとに定義，重要事項の確認と計算方法の確認をします．

例題と問題で一つのテーマが完成します．

例題を解き，内容を理解したら問題を自分の力だけで解いてみてください．

最初はゆっくりでよいので確実に！

問題の解答は別冊の解答編に掲載してあります．答え合わせをして次のテーマに進みましょう．

第3章　共通テストの対策 … 共通テストでの出題を想定した総合問題です．

第4章　2次・私大試験の対策 … 2次・私大試験での出題を想定して，教科書に掲載されていない内容，入試問題として出題可能な他分野との融合問題を掲載しています．

すべての読者は第1章から順番に学習を進めてください（p.5「**本書の進め方**」参照）．共通テスト対策としては，第3章まで終了したら完成です．さらに深い内容まで学習したい読者（多くの場合，2次・私大試験の対策として必要性を感じる読者）が第4章の問題を学習してください．

本書の進め方

標準的な学習計画（進度）を提示します.
1日あたりの学習時間は60分を想定しています.

章	節	進　　　度
1	1	
	2	
	3	
	4	
	5	教科書の内容をまとめてあります.
	6	未習者は必ず目を通してください.
	7	既習者は必要に応じて参照してください.
	8	
	9	
	10	
	11	
	12	
	13	
2	1	第1日
	2	
	3	
	4	第2日
	5	
	6	
	7	第3日
	8	
	9	
	10	第4日
	11	
3	1	第5日
	2	
	3	
	4	第6日
	5	
	6	第7日
	7	
4		共通テスト後，じっくり取り組んでください.

もくじ

第1章

用語の確認

「データの分析」で必要な用語の定義を中心にまとめてあります．理解の助けになるように具体例も掲載しています．一つ一つ手を動かして自分で確認してください．

1 度数分布表

調査や実験などで得られた測定値の集まりをデータという.

また, データを構成する値の個数をデータの大きさという.

データを構成する値をいくつかの区間に分け, その区間に入る値の個数を数えてまとめたものを度数分布表という.

度数分布表で設定される区間を階級, 区間の幅を階級幅, 区間の中央の値を階級値, 各階級に属する値の個数を度数という.

また, 各階級の度数をその階級まで合計したものを累積度数といい, 全体に占める各階級の度数の割合を相対度数, 各階級の相対度数をその階級まで合計したものを累積相対度数という.

次のデータ A は, 10 人の生徒に関する英語のテストの得点の記録である.

データ A : 61, 84, 75, 71, 47, 77, 69, 96, 61, 79

階級幅 10 で度数分布表を作成すると, 次のようになる.

階級(点)	階級値(点)	度数(人)	累積度数(人)	相対度数	累積相対度数
40 以上 50 未満	45	1	1	0.1	0.1
50 以上 60 未満	55	0	1	0.0	0.1
60 以上 70 未満	65	3	4	0.3	0.4
70 以上 80 未満	75	4	8	0.4	0.8
80 以上 90 未満	85	1	9	0.1	0.9
90 以上 100 未満	95	1	10	0.1	1.0
合計		10		1.0	

(注)　度数分布表は, その作成意図により, 階級値, 累積度数, 相対度数, 累積相対度数の欄のいくつか (あるいは全部) を省略することもある.

2 ヒストグラム

度数分布表をもとに，横軸に階級，縦軸に度数をとったグラフを**ヒストグラム**（柱状図）という．

前ページの度数分布表をもとに，階級幅 10 で**データ A** のヒストグラムを作成すると，次のようになる．

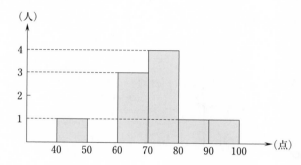

3　代表値

　度数分布表やヒストグラムによってデータの分布を表すことに加え，分布の特徴を数値で表すと分布の全体的傾向を示すことができる．分布の全体的傾向を示す指標を代表値という．代表値は，データ全体の特徴を1つの値で代表させるものである．

　代表値には以下のようなものがある．

❶　平均値

　データを構成する値の総和をデータの大きさで割った値を（データの）平均値といい，変量 x の平均値を $\overline{x}$ で表す．

> 変量 x のデータが，N 個の値 x_1，x_2，$\cdots$，x_N からなるとき，
> $$\overline{x} = \frac{1}{N}(x_1 + x_2 + \cdots + x_N)$$

❷　中央値

　データを構成する値を，小さい方から順に並べたとき，その中央に位置する値を（データの）中央値（メジアン）という．データの大きさが偶数である場合は，中央に2つの値が並ぶが，その場合はその2つの値の平均値を中央値とする．

❸　最頻値

　データを構成する値において，最も個数が多い値を（データの）最頻値（モード）という．データが度数分布表で与えられている場合は，度数の最も大きい階級の階級値を最頻値とする．

（注）　最頻値は複数存在する場合もある．

次の**データB**は，1つのサイコロを10回振ったときに出た目の数の記録である．

データB：5, 1, 3, 6, 4, 4, 2, 4, 1, 3

値の小さい方から順に並べ直すと，

1, 1, 2, 3, 3, 4, 4, 4, 5, 6

これより，

$$(平均値) = \frac{1}{10}(1+1+2+3+3+4+4+4+5+6)$$
$$= \frac{33}{10}$$
$$= 3.3$$

データの大きさは10なので，中央値は値の小さい順で5番目の値3と6番目の値4の平均値となる．

よって，

$$(中央値) = \frac{3+4}{2} = 3.5$$

また，最も個数が多い値は4であるから，

$$(最頻値) = 4$$

（注）　次節以降にも，様々な代表値が現れる．

4　四分位数

　データを構成する値を，小さい方から順に並べたとき，4等分する位置にくる値を（データの）四分位数という．四分位数は，値の小さい方から順に，第1四分位数，第2四分位数，第3四分位数といい，それぞれ Q_1，Q_2，Q_3 で表す．Q_2 は中央値である．

　また，$Q_3 - Q_1$ の値を四分位範囲，その半分の値を四分位偏差という．

> **データ C：1, 2, 3, 4, 5, 6, 7**

について四分位数を求める．

　データの大きさが奇数なので，まず，データを構成する値を中央値を除いて2つに分ける．

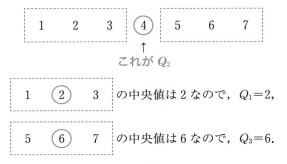

よって，

$$Q_1 = 2, \quad Q_2 = 4, \quad Q_3 = 6.$$

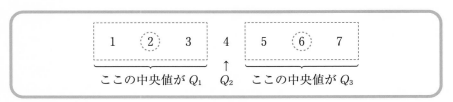

また，

$$四分位範囲は \ Q_3 - Q_1 = 4,$$

$$四分位偏差は \ \frac{Q_3 - Q_1}{2} = 2.$$

データ D：1, 2, 3, 4, 5, 6, 7, 8, 9, 10

について四分位数を求める.

　データの大きさが偶数なので，まず，データを構成する値を 2 つに分ける.

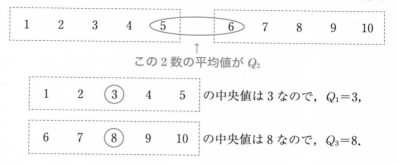

この 2 数の平均値が Q_2

| 1 | 2 | ③ | 4 | 5 | の中央値は 3 なので，$Q_1=3$,

| 6 | 7 | ⑧ | 9 | 10 | の中央値は 8 なので，$Q_3=8$.

　よって，

$$Q_1=3, \quad Q_2=5.5, \quad Q_3=8.$$

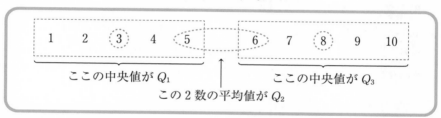

　まとめると，次のようになる.

データの大きさが $2m+1$（m は正の整数）のとき，

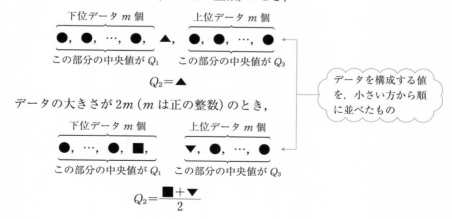

$$Q_2=\blacktriangle$$

データの大きさが $2m$（m は正の整数）のとき，

$$Q_2=\frac{\blacksquare+\blacktriangledown}{2}$$

データを構成する値を，小さい方から順に並べたもの

5 5数要約と箱ひげ図

データの分布を，「最小値，第1四分位数 Q_1，中央値（第2四分位数）Q_2，第3四分位数 Q_3，最大値」の5つの代表値で表す方法を5数要約といい，5数要約を表す図を箱ひげ図という．

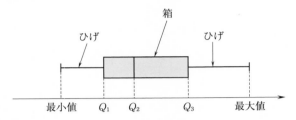

第2四分位数 Q_2 の位置はデータ全体を半分ずつに分ける位置であり，Q_1 から Q_3 までの位置（図における箱の部分）にデータを構成する値全体のおよそ50％が含まれている．

箱ひげ図を作成することで，データのおおまかな散らばり度合いがわかる．

また，箱ひげ図全体の長さ（最大値−最小値）を範囲という．

箱の長さ（$Q_3 - Q_1$）は，前節で述べた四分位範囲である．

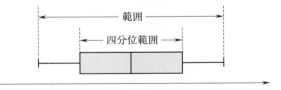

箱ひげ図に平均値の位置を記入することもある．その場合は「＋」記号を用いる．

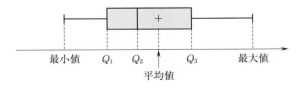

　　300 人の学生に数学のテストを行ったところ，300 人の得点について，5 数要約は次のようになった.

最小値	8
第 1 四分位数	50.5
第 2 四分位数	70
第 3 四分位数	78
最大値	100

　　このとき，300 人の数学のテストの得点について，箱ひげ図は次のようになる.

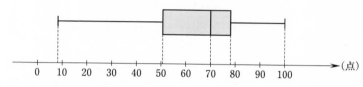

　また，

$$範囲は\qquad 100-8=92,$$
$$四分位範囲は\quad 78-50.5=27.5$$

である.

6　外れ値

　データの中に他の値から極端にかけ離れた値が含まれるとき，そのような値を外れ値という．

　外れ値の目安は，データの四分位範囲を L で表すとき

$$Q_1-1.5\times L \text{ 以下の値，または } Q_3+1.5\times L \text{ 以上の値}$$

と考える．

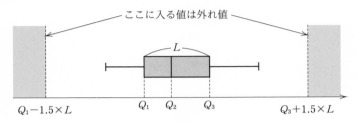

$$\boxed{\text{データ E：1, 3, 6, 6, 6, 7, 7, 8, 9, 12, 14}}$$

について外れ値があるかどうか調べる．

　$Q_1=6$, $Q_3=9$ より四分位範囲は $L=Q_3-Q_1=3$.

　よって，$x \leqq Q_1-1.5\times L=1.5$ または $x \geqq Q_3+1.5\times L=13.5$ を満たす x が外れ値であるから

$$\text{外れ値は 1, 14.}$$

　平均値や中央値などの代表値を考える場合，必ずしも外れ値を除いて計算する必要はない．

NOTES

7 分散

N 個の値 x_1, x_2, x_3, $\cdots$, x_N からなるデータに対し，各値と平均値 $\overline{x}$ との差すなわち $x_1-\overline{x}$，$x_2-\overline{x}$，$\cdots$，$x_N-\overline{x}$ を平均値からの偏差あるいは単に偏差という．偏差の2乗の平均値を分散といい，$s_x{}^2$ で表す．

また，分散の正の平方根を標準偏差という．

$$
分散　：s_x{}^2=\frac{1}{N}\{(x_1-\overline{x})^2+(x_2-\overline{x})^2+\cdots+(x_N-\overline{x})^2\} \qquad \cdots (*)
$$
$$
標準偏差：s_x=\sqrt{(分散)}
$$

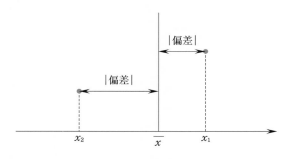

(偏差)^2 の平均値が分散

　(∗)を変形すると，次の式を得る．実際の計算においては次の式が有効な場合も多い．

$$s_x{}^2=\frac{1}{N}(x_1{}^2+x_2{}^2+\cdots+x_N{}^2)-(\overline{x})^2$$

すなわち，

$$(分散)=(2乗の平均)-(平均の2乗)$$

(証明)　$x_1+x_2+\cdots+x_N=N\overline{x}$ に注意して，

$$s_x{}^2=\frac{1}{N}\{(x_1-\overline{x})^2+(x_2-\overline{x})^2+\cdots+(x_N-\overline{x})^2\}$$

$$=\frac{1}{N}\{(x_1{}^2+x_2{}^2+\cdots+x_N{}^2)-2\overline{x}\cdot(x_1+x_2+\cdots+x_N)+N(\overline{x})^2\}$$

$$=\frac{1}{N}\{(x_1{}^2+x_2{}^2+\cdots+x_N{}^2)-2\overline{x}\cdot N\overline{x}+N(\overline{x})^2\}$$

$$=\frac{1}{N}(x_1{}^2+x_2{}^2+\cdots+x_N{}^2)-(\overline{x})^2.$$

8　散布図・相関表

　2つの変量からなるデータにおいて，一方が増加すると他方も増加する傾向があるとき，2つの変量には正の相関関係があるという．また，一方が増加すると他方が減少する傾向があるとき，2つの変量には負の相関関係があるという．これらのどちらの傾向も見られないとき，相関関係はないという．

　2つの変量からなるデータを平面上に図示したものを散布図，2次元の度数分布表にまとめたものを相関表という．

　次のデータは，15人の生徒の数学と国語のテストの得点の記録である．
数学の得点を変量x（点），国語の得点を変量y（点）とする．

番号	1	2	3	4	5	6	7	8	9	10	11	12	13	14	15
x	7	4	12	14	8	16	19	2	9	6	17	13	6	13	17
y	4	12	8	11	6	16	16	3	7	9	13	17	7	13	17

このデータから散布図を作成すると次のようになる.

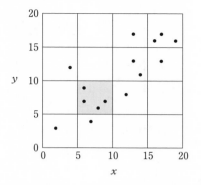

また，上のデータを相関表にまとめると，次のようになる.

上の散布図のピンク色の部分と下の相関表でピンク色をつけた部分が対応することに注意すること.

x / y	0 以上 5 未満	5 以上 10 未満	10 以上 15 未満	15 以上 20 未満
15 以上 20 未満	0	0	1	3
10 以上 15 未満	1	0	2	1
5 以上 10 未満	0	4	1	0
0 以上　5 未満	1	1	0	0

9　共分散

2つの変量 x, y のデータが，N 個の組 (x_1, y_1), (x_2, y_2), $\cdots$, (x_N, y_N) か
らなるとき，x と y の偏差の積の平均値を共分散といい，s_{xy} で表す．

$$s_{xy}=\frac{1}{N}\{(x_1-\overline{x})(y_1-\overline{y})+(x_2-\overline{x})(y_2-\overline{y})+\cdots+(x_N-\overline{x})(y_N-\overline{y})\}$$

上の式を変形すると次の式を得る．実際の計算においては次の式が有効な場
合も多い．

$$s_{xy}=\frac{1}{N}(x_1y_1+x_2y_2+\cdots+x_Ny_N)-\overline{x}\cdot\overline{y}$$

すなわち，

$$(共分散)=(積の平均)-(平均の積)$$

（証明） $x_1+x_2+\cdots+x_N=N\overline{x}$, $y_1+y_2+\cdots+y_N=N\overline{y}$ に注意して，

$$s_{xy}=\frac{1}{N}\{(x_1-\overline{x})(y_1-\overline{y})+(x_2-\overline{x})(y_2-\overline{y})$$
$$+\cdots+(x_N-\overline{x})(y_N-\overline{y})\}$$
$$=\frac{1}{N}\{(x_1y_1+x_2y_2+\cdots+x_Ny_N)-\overline{x}\cdot(y_1+y_2+\cdots+y_N)$$
$$-(x_1+x_2+\cdots+x_N)\cdot\overline{y}+N\overline{x}\cdot\overline{y}\}$$
$$=\frac{1}{N}\{(x_1y_1+x_2y_2+\cdots+x_Ny_N)-\overline{x}\cdot N\overline{y}-N\overline{x}\cdot\overline{y}+N\overline{x}\cdot\overline{y}\}$$
$$=\frac{1}{N}(x_1y_1+x_2y_2+\cdots+x_Ny_N)-\overline{x}\cdot\overline{y}.$$

10　相関係数

2つの変量 x, yについて，それらの標準偏差をそれぞれ s_x, s_y とし，共分散を s_{xy} とするとき，

$$r = \frac{s_{xy}}{s_x s_y}$$

を x と y の相関係数という．

相関係数は $-1 \leqq r \leqq 1$ を満たす実数で，相関関係の強さを表す指標である．$|r|$ が1に近いほど相関が強い．

相関係数の絶対値が1に近いほど，散布図上の点は直線状に分布する．

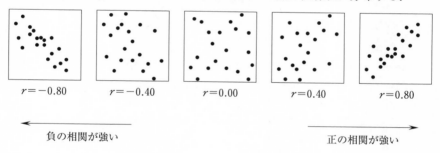

$r = -0.80$　　$r = -0.40$　　$r = 0.00$　　$r = 0.40$　　$r = 0.80$

←———　負の相関が強い　　　　　　　　　正の相関が強い　———→

11　仮平均

変量 x に対して $X=x-c$（c は定数）により新しい変量 X を定める．このとき，変量 x の平均値を $\overline{x}$，変量 X の平均値を $\overline{X}$ とおくと，次が成り立つ．

> $X=x-c$ のとき，
> $$\overline{x}=c+\overline{X}$$

このときの値 c を仮平均という．

c の値としては，「おおよそ中央値に近い値」，「$\overline{x}$ に近いであろうと推測される値」，「最頻値」のいずれかをとれば，$\overline{X}$ の計算が簡単になる．

また，

$$(x-\overline{x})^2=\{(x-c)-(\overline{x}-c)\}^2$$
$$=(X-\overline{X})^2 \qquad ←（偏差）^2 \text{ が等しい}$$

となるから，変量 x の分散を $s_x{}^2$，変量 X の分散を $s_X{}^2$ とおくと，次が成り立つ．

> $X=x-c$ のとき，
> $$s_x{}^2=s_X{}^2$$

次の**データ F** は 5 人のなわとびの回数の記録である.

> ## データ F：101，102，104，107，108

このデータについて，なわとびの回数を変量 x とする. 仮平均を $c=100$ として，

$$X=x-100$$

により変量 X を定めると次の表を得る.

x	101	102	104	107	108	合計
X	1	2	4	7	8	22

これより，

$$\overline{X}=\frac{22}{5}=4.4$$

であるから，

$$\overline{x}=100+\overline{X}=104.4.$$

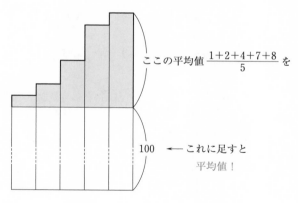

ここの平均値 $\dfrac{1+2+4+7+8}{5}$ を

100　←──これに足すと

平均値！

12　変量の変換

変量 x に対して，新しい変量 X を

$$X = ax + b \quad (a,\ b \text{は定数},\ a \neq 0)$$

により定めるとき，次が成り立つ．

> (1)　平均値について　　：$\overline{X} = a\overline{x} + b$
>
> (2)　分散について　　　：$s_X{}^2 = a^2 s_x{}^2$
>
> (3)　標準偏差について：$s_X = |a| s_x$

（証明）　変量 x のデータが，N 個の値 $x_1,\ x_2,\ \cdots,\ x_N$ からなるとき，

$$X_k = ax_k + b \quad (k = 1,\ 2,\ \cdots,\ N)$$

とすると，

$$\begin{aligned}
\overline{X} &= \frac{1}{N}(X_1 + X_2 + \cdots + X_N) \\
&= \frac{1}{N}\{(ax_1 + b) + (ax_2 + b) + \cdots + (ax_N + b)\} \\
&= \frac{1}{N}\{a(x_1 + x_2 + \cdots + x_N) + Nb\} \\
&= a \cdot \frac{1}{N}(x_1 + x_2 + \cdots + x_N) + b \\
&= a\overline{x} + b.
\end{aligned}$$

これより，

$$X_k - \overline{X} = (ax_k + b) - (a\overline{x} + b) = a(x_k - \overline{x}) \quad (k = 1,\ 2,\ \cdots,\ N)$$

であるから，

$$\begin{aligned}
s_X{}^2 &= \frac{1}{N}\{(X_1 - \overline{X})^2 + (X_2 - \overline{X})^2 + \cdots + (X_N - \overline{X})^2\} \\
&= \frac{1}{N}\{a^2(x_1 - \overline{x})^2 + a^2(x_2 - \overline{x})^2 + \cdots + a^2(x_N - \overline{x})^2\} \\
&= a^2 \cdot \frac{1}{N}\{(x_1 - \overline{x})^2 + (x_2 - \overline{x})^2 + \cdots + (x_N - \overline{x})^2\} \\
&= a^2 s_x{}^2.
\end{aligned}$$

また，このとき

$$s_X = \sqrt{s_X{}^2} = \sqrt{a^2 s_x{}^2} = |a| s_x.$$

さらに，変量 y に対して，新しい変量 Y を

$$Y=cy+d \quad (c, \ d \text{ は定数}, \ c\neq0)$$

により定めるとき，次が成り立つ.

> (4) 共分散について : $s_{XY}=acs_{xy}$
>
> (5) 相関係数について : $r_{XY}=\begin{cases} r_{xy} & (ac>0 \text{ のとき}) \\ -r_{xy} & (ac<0 \text{ のとき}) \end{cases}$

（証明） 2つの変量 x, y のデータが，N 個の値の組 (x_1, y_1), (x_2, y_2), …, (x_N, y_N) からなるとき，

$$X_k=ax_k+b, \quad Y_k=cy_k+d \quad (k=1, 2, \cdots, N)$$

とすると，

$$X_k-\overline{X}=a(x_k-\overline{x}), \quad Y_k-\overline{Y}=c(y_k-\overline{y}) \quad (k=1, 2, \cdots, N)$$

であるから，

$$\begin{aligned}
s_{XY}&=\frac{1}{N}\{(X_1-\overline{X})(Y_1-\overline{Y})+(X_2-\overline{X})(Y_2-\overline{Y}) \\
&\qquad +\cdots+(X_N-\overline{X})(Y_N-\overline{Y})\} \\
&=\frac{1}{N}\{a(x_1-\overline{x})\cdot c(y_1-\overline{y})+a(x_2-\overline{x})\cdot c(y_2-\overline{y}) \\
&\qquad +\cdots+a(x_N-\overline{x})\cdot c(y_N-\overline{y})\} \\
&=ac\cdot\frac{1}{N}\{(x_1-\overline{x})(y_1-\overline{y})+(x_2-\overline{x})(y_2-\overline{y}) \\
&\qquad +\cdots+(x_N-\overline{x})(y_N-\overline{y})\} \\
&=acs_{xy}.
\end{aligned}$$

よって，

$$r_{XY}=\frac{s_{XY}}{s_X s_Y}=\frac{acs_{xy}}{|a|s_x\cdot|c|s_y}=\frac{ac}{|ac|}\cdot\frac{s_{xy}}{s_x s_y}=\begin{cases} r_{xy} & (ac>0 \text{ のとき}), \\ -r_{xy} & (ac<0 \text{ のとき}). \end{cases}$$

13 仮説検定

あるデータが与えられたとき，仮説を立て，それが妥当かどうかを判定する統計的手法を仮説検定という．

> **例題**
>
> A さんは「天然水と水道水の味の違いがわかる」と主張している．そこでどちらを入れたかわからないようにしてコップ 30 杯に天然水と水道水を無作為に注いでどちらの水であるか回答してもらったところ，20 回は正解，10 回は不正解であった．この結果から「天然水と水道水の味の違いがわかる」という A さんの主張は正しいと言えるか判断してみる．確率の計算には次表でまとめた，30 枚のコイン投げを 1000 回行ったとき表が出た回数の実験結果を利用する．
>
> | 表の枚数 | 5 | 6 | 7 | 8 | 9 | 10 | 11 | 12 | 13 | 14 | 15 | 16 |
> |---|---|---|---|---|---|---|---|---|---|---|---|---|
> | 出た回数 | 1 | 1 | 2 | 5 | 15 | 27 | 53 | 80 | 111 | 137 | 145 | 127 |
>
> | 17 | 18 | 19 | 20 | 21 | 22 | 23 | 24 | 25 | 合計 |
> |---|---|---|---|---|---|---|---|---|---|
> | 107 | 85 | 51 | 31 | 15 | 5 | 1 | 0 | 1 | 1000 |

A さんの主張が正しくないと仮定し，A さんは毎回天然水と水道水を確率 $\frac{1}{2}$ で選んでいる（デタラメに回答している）とする．このとき 30 回中 20 回以上正解する確率（20 回でなく 20 回以上であることに注意）は

$$\frac{31+15+5+1+0+1}{1000}=0.053.$$

確率 0.05 以上で起こることは実際に起こり得る（下の注参照）ので「A さんがデタラメに回答している」ことは否定できない．

よって，「天然水と水道水の味の違いがわかる」という A さんの主張は正しいと言えない．

(注) 仮説検定では，一般に起こる確率が 5 ％未満である事象は「ほとんど起こらない」事象であると考える（5 ％でなく 3 ％とする立場もある）．

NOTES

第2章

重要テーマの演習

　この章では，重要なテーマごとに分けて演習を行います．

　まず，「例題」を解き，解答を確認して基本概念や図の見方，計算の手順を習得しましょう．基本事項の確認ができたら，「問題」を解き，テーマごとに理解度を高めていきましょう．

　各テーマごとに，「例題」，「問題」の順で構成しています．

ゆっくりでよいので確実に！

例題2・1 ──────────────── **度数分布表・ヒストグラム**

次の20個の値からなるデータについて考える.

$$7,\quad 8,\ 16,\ 10,\ 9,\quad 9,\ 17,\ 19,\quad 7,\ 4,$$

$$19,\ 16,\ 14,\ 10,\ 9,\ 15,\quad 5,\ 18,\ 16,\ 3$$

(1) 与えられたデータをもとに次の度数分布表を作成せよ.

階級	度数	累積度数	相対度数
0 以上 4 未満			
4 以上 8 未満			
8 以上 12 未満			
12 以上 16 未満			
16 以上 20 未満			
合計			

(2) (1)の度数分布表をもとにヒストグラムを作成せよ.

(3) (1)の度数分布表をもとにしたときのデータの最頻値を求めよ.

解答

(1) 20個の値を,値の小さい方から順に並べる.

3,　4,　5,　7,　7,　8,　9,　9,　9,　10,　10,

14,　15,　16,　16,　16,　17,　18,　19,　19

☞階級ごとに区切りを入れた.

度数分布表は次のようになる.

階級	度数	累積度数	相対度数
0 以上　4 未満	1	1	0.05
4 以上　8 未満	4	5	0.2
8 以上 12 未満	6	11	0.3
12 以上 16 未満	2	13	0.1
16 以上 20 未満	7	20	0.35
合計	20		1

☜（累積度数）
$=\begin{pmatrix}\text{その階級までの}\\\text{度数の合計}\end{pmatrix}$

（相対度数）
$=\dfrac{(\text{その階級の度数})}{(\text{度数の合計})}$

(2)　(1)の度数分布表をもとにヒストグラムを作成

すると次のようになる.

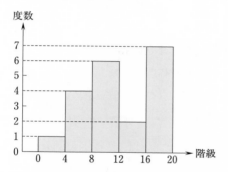

☜横軸に階級，縦軸に度数
をとる.

(3)　(1)の度数分布表における度数の最大値は 7 で

あるから，最頻値は，

$$\frac{16+20}{2}=18.$$

度数分布表をもとにする

とき，最頻値は，最も度

数が大きい階級の階級値

である.

（階級値）$=\begin{pmatrix}\text{その階級の}\\\text{中央の値}\end{pmatrix}$

度数が 7 となる階級は，
16 以上 20 未満

問題 2・1

　次の表は，ある高校の40人の生徒に関する通学時間のデータを度数分布表にまとめたものである．

階級（分）	度数	累積度数	相対度数	累積相対度数
0 以上　20 未満	10	10	0.25	0.25
20 以上　40 未満	16	a	d	e
40 以上　60 未満	8	b		
60 以上　80 未満	4			f
80 以上 100 未満	2	c		
合計	40		1	

(1)　表中の a, b, c, d, e, f の値をそれぞれ求めよ．

(2)　度数分布表をもとにヒストグラムを描け．

(3)　度数分布表をもとにしたときのデータの最頻値を求めよ．

|HINT|

$$（累積相対度数）＝（その階級までの相対度数の合計）＝\frac{（その階級の累積度数）}{（度数の合計）}$$

例題 2・2 ──────────── 四分位数

(1) 次の変量 x, y について，それぞれの中央値を求めよ．

$$変量 x：1, 3, 3, 4, 7$$

$$変量 y：1, 3, 4, 7, 8, 8$$

(2) 次の9個の値からなるデータの第1四分位数 Q_1，第2四分位数 Q_2，第3四分位数 Q_3 をそれぞれ求めよ．

$$1, 2, 4, 5, 5, 6, 7, 7, 10$$

解答

(1) 変量 x の値を小さい方から2個，1個，2個と分ける．

$$\boxed{1, 3,}\ 3,\ \boxed{4, 7}$$

変量 x の中央値は，**3** である．

変量 y の値を小さい方から3個，3個と分ける．

$$1,\ 3,\ (4,\ 7,)\ 8,\ 8$$

変量 y の中央値は $\dfrac{4+7}{2}=$**5.5** である．

(2) 9個の値を小さい方から4個，1個，4個と分ける．

$$\boxed{1, 2, 4, 5,}\ 5,\ \boxed{6, 7, 7, 10}$$
$$（下位データ）\quad （上位データ）$$

よって，

$$Q_1=\dfrac{2+4}{2}=3,\quad Q_2=5,\quad Q_3=\dfrac{7+7}{2}=7.$$

☞ データが $2m+1$ 個（奇数個）の値からなるときは，値の小さい方から
$\quad m$ 個，1個，m 個
と分ける．

☞ 中央値は真ん中にくる値．

☞ データが $2m$ 個（偶数個）の値からなるときは，値の小さい方から
$\quad m$ 個，m 個
と分ける．

☞ 中央に並ぶ2つの値の平均値が中央値．

☞ $Q_1=$（下位データの中央値）
$Q_3=$（上位データの中央値）

問題 2・2

次の 10 個の値からなるデータの第 1 四分位数が 6，第 2 四分位数（中央値）が 12，第 3 四分位数が 26 となるように，a，b の値を定めよ．ただし，$a<b$ とする．

$$2,\ 4,\ 7,\ 11,\ 15,\ 26,\ 31,\ 49,\ a,\ b$$

════════ HINT ════════

$$\underbrace{\bigcirc,\ \bigcirc,\ \bigcirc,\ \bigcirc,\ \bigcirc,}_{（下位データ）}\ \underbrace{\bigcirc,\ \bigcirc,\ \bigcirc,\ \bigcirc,\ \bigcirc}_{（上位データ）}$$

として，与えられた条件で定まる値を〇に書き込んでみよう．

例題 2・3 ━━━━━━━━━━━━━━━ 箱ひげ図 (1)

次の変量 x, y について考える.

変量 x : 1, 1, 3, 5, 5, 6, 6, 6, 7, 7, 7, 7, 8, 9, 10

変量 y : 2, 3, 3, 6, 6, 7, 8, 8, 9, 10

(1) 変量 x, y の 5 数要約を求めよ.

(2) 変量 x, y の箱ひげ図を並べて描け.

(3) 変量 x, y の範囲の大小を比較せよ. また, 四分位範囲, 四分位偏差の大小をそれぞれ比較せよ.

(4) 変量 x, y の外れ値の個数をそれぞれ求めよ. ただし, データの第 1 四分位数を Q_1, 第 3 四分位数を Q_3 とし, $L = Q_3 - Q_1$ とおくとき

$Q_1 - 1.5 \times L$ 以下の値または $Q_3 + 1.5 \times L$ 以上の値

を外れ値という.

解答

(1) 　x : 1, 1, 3, ⑤, 5, 6, 6, ⑥, 7, 7, 7, ⑦, 8, 9, 10
　　　　　（下位データ）　　　　　（上位データ）

☞変量 x のデータは 15 個の値からなる.

　　　y : 2, 3, ③, 6, ⑥, | 7, 8, ⑧, 9, 10
　　　　　（下位データ）　　（上位データ）

☞変量 y のデータは 10 個の値からなる.

変量 x, y の 5 数要約は次のようになる.

変量	x	y
最小値	1	2
第 1 四分位数	5	3
第 2 四分位数	6	6.5
第 3 四分位数	7	8
最大値	10	10

☞データの分布を,
最小値, 第 1 四分位数,
第 2 四分位数 (中央値),
第 3 四分位数, 最大値
の 5 つの代表値を用いて表したものを 5 数要約という.

(2)　変量 x, y の箱ひげ図は次のようになる.

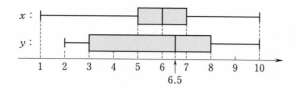

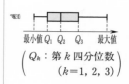

$\left(\begin{array}{l} Q_k : 第\ k\ 四分位数 \\ \quad\quad (k=1,\ 2,\ 3) \end{array}\right)$

(3)　x の範囲は $10-1=9$, y の範囲は $10-2=8$ となるから,

$$(x\ の範囲) > (y\ の範囲).$$

x の四分位範囲は $7-5=2$, y の四分位範囲は $8-3=5$ となるから,

$(x\ の四分位範囲) < (y\ の四分位範囲).$　　　…(*)

四分位偏差は四分位範囲を 2 で割った値であるから, (*)より,

$$(x\ の四分位偏差) < (y\ の四分位偏差).$$

(4)　x について $Q_1=5$, $Q_3=7$, $L=2$ であるから

$x \leqq 5-2\times1.5=2$ または $x \geqq 7+2\times1.5=10$

を満たす x の値が外れ値である.

よって, 外れ値は 1, 1, 10 の 3 個ある.

y について $Q_1=3$, $Q_3=8$, $L=5$ であるから

$y \leqq 3-1.5\times5=-4.5$ または $y \geqq 8+1.5\times5=15.5$

を満たす y の値が外れ値である.

よって, 外れ値は存在しない.

以上より,

$$x\ の外れ値の個数は\ 3,$$
$$y\ の外れ値の個数は\ 0.$$

✎（範囲）
　＝（最大値）−（最小値）

✎（四分位範囲）＝ $Q_3 - Q_1$

✎(*) の左辺, 右辺をそれぞれ 2 で割った.

　（四分位偏差）＝ $\dfrac{Q_3 - Q_1}{2}$

問題2・3

　次の表は，A，B，Cの3クラスで行った数学のテストの得点のデータについて，5数要約を表したものである．

クラス	A	B	C
最小値	40	35	48
第1四分位数	53	53	50
第2四分位数	65.5	70	65.5
第3四分位数	70	82	82
最大値	100	100	95

(1)　A，B，Cそれぞれについて，数学のテストの得点の箱ひげ図として適当なものを，次の①〜⑨のうちから1つずつ選べ．

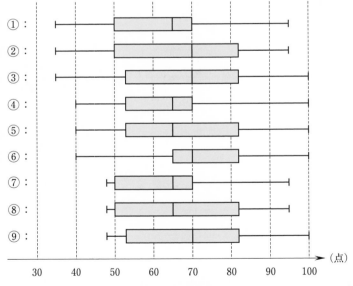

(2)　3つのクラスについて，四分位範囲で数学のテストの得点の分布の散らばり度合いを比較したとき，散らばり度合いが最も小さいのはどのクラスか答えよ．

(3)　A，B，C それぞれについて，外れ値が存在するかどうかを調べよ．ただし，データの第 1 四分位数を Q_1，第 3 四分位数を Q_3 とし，$L = Q_3 - Q_1$ とおくとき

　　　　$Q_1 - 1.5 \times L$ 以下の値または $Q_3 + 1.5 \times L$ 以上の値

を外れ値という．

例題 2・4 ─────────────────────────── 箱ひげ図 ⑵

　次の箱ひげ図は，A 高校と B 高校の生徒全体の身長を変量として，箱ひげ図で表したものである．

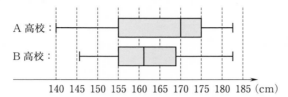

　次の ①〜⑥ の文のうち，正しいといえるものをすべて選べ．

① 　身長の範囲，四分位範囲ともに A 高校に比べて B 高校の方が小さい．

② 　A 高校，B 高校それぞれにおいて 2 番目に身長の低い生徒どうしを比べたとき，A 高校の生徒の身長の方が低い．

③ 　A 高校の生徒全体の身長の平均値は約 170 cm である．

④ 　A 高校の身長が 170 cm 以上の生徒の人数は，A 高校全体の生徒数のおよそ半分である．

⑤ 　身長が 155 cm 以下の生徒の人数は，A 高校と B 高校ではほぼ同じである．

⑥ 　身長が 170 cm 以下の生徒の割合は，A 高校より B 高校の方が大きい．

解答

選択肢の記述について一つ一つ検討する．

① 　箱ひげ図において，全体の長さ，箱の長さともに A 高校より B 高校の方が短い．よって，① は正しい．

② 　A，B それぞれの高校の中で，最も低い身長は，

☜（箱ひげ図全体の長さ）＝（範囲）
　（箱の長さ）＝（四分位範囲）

　　　A 高校：約 140 cm，B 高校：約 146 cm

であるが，2 番目に低い身長は箱ひげ図からはわ

からない．

③　この問題の箱ひげ図から平均値は読みとれな

い．

④　A 高校の生徒の身長について，中央値は

170 cm であるから，A 高校で身長が 170 cm 以

上の生徒の割合は A 高校全体のおよそ 50 ％（半

分）である．

⑤　身長が 155 cm 以下の生徒の割合は A 高校，B

高校ともに全体のおよそ 25 ％である．しかし，

全体の生徒数が与えられていないので，身長が

155 cm 以下の生徒の人数はわからない．

⑥　身長が 170 cm 以下の生徒の割合は，

　　　A 高校：およそ 50 ％，B 高校：75 ％以上

である．よって，A 高校より B 高校の方が割合

は大きい．

　　以上より，正しいといえるものは，

　　　　　　①，④，⑥．

☞最小値は箱ひげ図から読
　みとれる．

☞箱ひげ図に平均値の位置
　をかくときは「＋」記号
　を用いる．

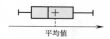

平均値

☞「170cm ピッタリ」の生
　徒が高校の全生徒の何十
　％をも占めるということ
　があれば④は正しくなく
　なるが，このようなこと
　は，数学的にはあり得て
　も現実的にはあり得な
　い．このように偏った
　データに対して「箱ひげ
　図」は本来の機能を果た
　さない．

―― COMMENT ――

箱ひげ図から，全体に占める度数の割合を読みとれることをおさえておこう．

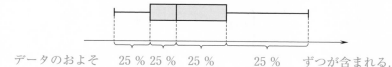

データのおよそ　　25 ％ 25 ％　25 ％　　　25 ％　　ずつが含まれる．

問題 2・4

次の A ～ D のヒストグラムについて，同じデータをもとにして作成した箱ひげ図を下の ①～④ のうちからそれぞれ1つずつ選べ．

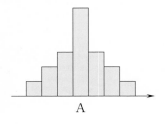

A

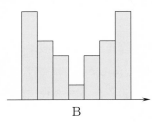

B

C

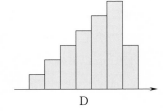

D

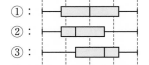

例題2・5 ──────────────────────── 平均値

次の 10 個の値からなるデータの平均値を求めよ.

$$1, \ 3, \ 3, \ 4, \ 5, \ 5, \ 7, \ 7, \ 7, \ 9$$

解答

(解1)〈平均値の定義(p.12)を用いる〉

平均値は,

$$\frac{1}{10}(1+3+3+4+5+5+7+7+7+9)$$

☞ $(平均値)=\dfrac{(値の総和)}{(値の個数)}$

$$=\frac{51}{10}$$

$$=5.1.$$

(解2)〈仮平均(p.26)を用いる〉

中央値 5 を
仮平均にとった

与えられた変量を x とし,$X=x-\boxed{5}$ とおく.

x	1	3	3	4	5	5	7	7	7	9
X	-4	-2	-2	-1	0	0	2	2	2	4

変量 X の平均値 $\overline{X}$ は,

$$\overline{X}=\frac{1}{10}\{(-4)+(-2)+(-2)+(-1)+0+0+2+2+2+4\}$$

☞足して 0 となる 2 つの数
は,和を計算する前に消
しておこう‼

$$=\frac{1}{10}$$

$$=0.1.$$

よって,x の平均値 $\overline{x}$ は,

仮平均

$$\overline{x}=\boxed{5}+\overline{X}$$

☞x の各値から 5 ずつひい
た値の平均値が $\overline{X}$ だか
ら,$\overline{x}$ を求めるときは
5 もどす

$$=5+0.1$$

$$=5.1.$$

―〔COMMENT〕―

(解1) において，平均値の計算は，

$$\frac{1}{10}(1+3{\cdot}2+4+5{\cdot}2+7{\cdot}3+9) \quad \cdots (*)$$

とも表せる.

同じ値が何度も現れるときには，次のような表をあらかじめ作っておくとよい.

変量 x	度数 f	$x{\cdot}f$
1	1	$1{\cdot}1=\ 1$
3	2	$3{\cdot}2=\ 6$
4	1	$4{\cdot}1=\ 4$
5	2	$5{\cdot}2=10$
7	3	$7{\cdot}3=21$
9	1	$9{\cdot}1=\ 9$
合計	10	51

$(*)$ の計算は，$x{\cdot}f$ の欄の合計を度数の合計で割ったものに相当する.

問題 2・5

変量 x は次のように度数分布表にまとめられている.

変量 x	度数 f
1	5
2	10
3	12
4	10
5	3
計	40

x の平均値 $\overline{x}$ を求めよ.

==========| HINT |==========

　データが度数分布表で与えられているが，これは，変量 x が

$$1,\ 1,\ 1,\ 1,\ 1,\ 2,\ \cdots,\ 4,\ 5,\ 5,\ 5$$

と与えられたことと同じである．

　まずは，定義に基づいて計算してみよう！

　また，仮平均を 3 として平均値を求めてみよう！！

例題 2・6 ─────────────────────── **分散・標準偏差(1)**

(1)　それぞれ 10 個の値からなる変量 x, y, z があり，その平均値はいずれも 3 である．変量 x, y, z のヒストグラムが次のようになるとき，x, y, z の分散 $s_x{}^2$, $s_y{}^2$, $s_z{}^2$ の大小を比較せよ．

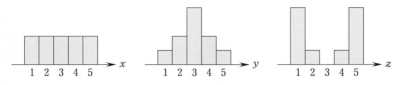

(2)　次の 6 個の値からなるデータの分散，標準偏差を求めよ．

$$1,\ 1,\ 3,\ 3,\ 3,\ 7$$

解答

(1)　変量 x, y, z はそれぞれ 10 個の値からなり，平均値はいずれも 3 であることから，3 を中心としたそれぞれの散らばり度合いを比較して，

$$s_y{}^2 < s_x{}^2 < s_z{}^2.$$

(2)　平均値は，

$$\frac{1}{6}(1+1+3+3+3+7) = \frac{18}{6}$$
$$= 3.$$

よって，分散は，

$$\frac{1}{6}\{(1-3)^2+(1-3)^2+(3-3)^2+(3-3)^2+(3-3)^2+(7-3)^2\}$$
$$= \frac{24}{6}$$
$$= 4.$$

標準偏差は，

$$\sqrt{4} = 2.$$

《POINT!》
分散は，平均値からの散らばり度合いを表す量である．
データを構成する値が平均値から離れるほど，分散は大きな値をとる．

☞まず，平均値を求める．

☞(分散)
$$= \frac{((値-平均値)^2 \text{の総和})}{(値の個数)}$$

☞(標準偏差) $= \sqrt{(分散)}$

（分散を求める別解）〈公式（p.21）を用いる〉

分散は，

$$\frac{1}{6}(1^2+1^2+3^2+3^2+3^2+7^2)-3^2$$

$$=\frac{78}{6}-9$$

$$=4.$$

（分散）
＝（2乗の平均値）−（平均値）^{2}

（参考）

次のように表にまとめて計算するとよい．

x	$X=x-③$		X^2
1	-2	$\xrightarrow{\text{2乗}}$	4
1	-2	$\xrightarrow{\text{2乗}}$	4
3	0	$\xrightarrow{\text{2乗}}$	0
3	0	$\xrightarrow{\text{2乗}}$	0
3	0	$\xrightarrow{\text{2乗}}$	0
7	4	$\xrightarrow{\text{2乗}}$	16
総和 18	0		24
平均 ③	0		④

↑
0になること
を確認！

↓
$s_x{}^2=4$

問題 2·6

変量 x の値が次のように度数分布表にまとめられている.

変量 x	度数 f
1	4
2	6
3	9
4	12
5	5
6	4
計	40

(1) 変量 x の最頻値 m を求めよ.

(2) $X = x - m$ により,変量 X を定める.X の分散を求めよ.

(3) 変量 x の分散を求めよ.

──── HINT ────

(1) (x の最頻値)=(度数が最も大きい x の値)

(2) まずは,X の平均値を求めよう.次に,定義または公式を用いて X の分散を計算しよう!

(3) 分散は平均値からの散らばり度合いを表す量であることに着目して,X の分散との関係を考えよう!!

☕ COFFEE BREAK

　四分位数や四分位範囲は，データを構成するいくつかの値を使って，データの中心(位置)や散らばり度合い(尺度)を表す値であり，それを図に表したものが箱ひげ図である．

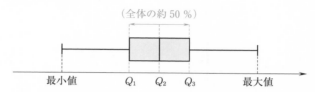

(全体の約 50 %)

最小値　　Q_1　Q_2　Q_3　　　　最大値

　これに対して，平均値や分散，標準偏差はデータを構成するすべての値を用いて，データの中心や散らばり度合いを表す値である．

　データのヒストグラムがほぼ左右対称で，とがった山の形をしているとき(「正規分布」とよばれる理想形に近い形のとき)，次のようになることが知られている(平均値を m，標準偏差を s とする)．

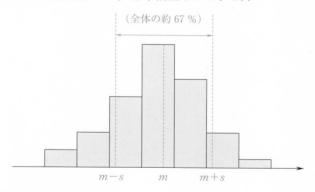

(全体の約 67 %)

$m-s$　　m　　$m+s$

　データの分布を見るとき，

＜中心(位置)を表す代表値＞	＜散らばり度合い(尺度)を表す代表値＞
中央値(第2四分位数)　←→	四分位範囲，四分位偏差
平均値　←→	分散，標準偏差

と対応している．

例題 2・7 ─────────────────── 分散・標準偏差 ⑵

次の 5 個の値からなるデータの平均値が 2，分散が 2.8 となるように，a，b の値を定めよ．ただし，$a < b$ とする．

$$1,\ 2,\ 2,\ a,\ b$$

解答

（解 1 ）

平均値が 2 となるので，

$$\frac{1}{5}(1+2+2+a+b)=2.$$

$$a+b=5. \qquad \cdots ①$$

分散が 2.8 となるので，

$$\frac{1}{5}(1^2+2^2+2^2+a^2+b^2)-2^2=2.8.$$

$$a^2+b^2=25. \qquad \cdots ②$$

①，② および $a < b$ より，

$$a=0, \quad b=5.$$

《POINT!》

変量の値で未知のものが含まれる場合は，総和に着目し，

（分散）

＝(2乗の平均値)－(平均値)²

を用いよう!!

（解2）

与えられた変量を x とし，$X = x - \boxed{2}$ とおく．

x の平均値は2

x	1	2	2	a	b
X	-1	0	0	$a-2$	$b-2$

$X = x - (x \text{ の平均値})$ とおくと，

　X の平均値 $\overline{X} = 0$ となるので，分散を求める計算が楽になる．

変量 x について，平均値 $\overline{x} = 2$，分散 $s_x{}^2 = 2.8$ であるから，X の平均値 $\overline{X}$，分散 $s_X{}^2$ は，

$$\overline{X} = 0 \quad \cdots ③, \quad s_X{}^2 = 2.8 \quad \cdots ④.$$

ここで，$A = a - 2$，$B = b - 2$ とおく．

③ より，

$$\frac{1}{5}\{(-1) + 0 + 0 + A + B\} = 0.$$

$$A + B = 1. \qquad\qquad \cdots ③'$$

④ より，

$$\frac{1}{5}\{(-1)^2 + 0^2 + 0^2 + A^2 + B^2\} = 2.8.$$

$$A^2 + B^2 = 13. \qquad\qquad \cdots ④'$$

③′，④′ および $A < B$ より，$A = -2$，$B = 3$ となるから，

$$a = 2 + A = 0, \quad b = 2 + B = 5.$$

☞ $X = x - 2$ より，
$$\overline{X} = \overline{x} - 2$$
$$s_X{}^2 = s_x{}^2$$

───── ｜ COMMENT ｜ ─────

変量の値で未知のものが含まれる場合や一部の値を修正する場合は，総和に着目し，

$$(\text{分散}) = (2 \text{ 乗の平均値}) - (\text{平均値})^2$$

の公式を用いよう !!

問題 2・7

2つのクラス A，B の生徒にある試験を行ったところ，テストの点数の平均値と分散は次の結果となった．

	人数	平均値	分散
A	20	65	13.5
B	30	60	11.0

A，B の生徒を合わせた 50 人の平均値 m と分散 s^2 を求めよ．

―――― HINT ――――

　まずは，Aクラスの20人の得点の合計，Bクラスの30人の得点の合計を求めてみよう！次に，各クラスの得点の2乗の合計をそれぞれ求めてみよう‼

例題 2・8 ━━━━━━━━━━━━━━━━━━━━━━━ **散布図・相関表**

それぞれ 15 個の値からなる 2 つの変量 x, y の組 (x, y) が次のように
与えられている.

(3, 7), (9, 1), (2, 4), (4, 7), (7, 3), (5, 6), (2, 8), (8, 3),

(4, 4), (6, 4), (6, 6), (8, 2), (1, 8), (9, 2), (8, 9)

(1) 変量 x, y の散布図を作成せよ.

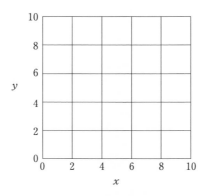

(2) 変量 x, y について，次の相関表を完成させよ.

y ＼ x	0 以上〜2 未満	2〜4	4〜6	6〜8	8〜10	計
8 以上〜 10 未満						
6 以上〜 8 未満						
4 以上〜 6 未満						
2 以上〜 4 未満						
0 以上〜 2 未満						
計						15

解答

(1)　x と y の散布図は，次のようになる．

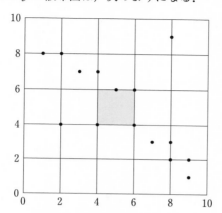

☞ x, y の組を1つの点として表したものが散布図である．

(2)　x と y の相関表は，次のようになる．

y ＼ x	0 以上 ～2 未満	2～4	4～6	6～8	8～10	計
8 以上～10 未満	1	1	0	0	1	3
6 以上～ 8 未満	0	1	2	1	0	4
4 以上～ 6 未満	0	1	1	1	0	3
2 以上～ 4 未満	0	0	0	1	3	4
0 以上～ 2 未満	0	0	0	0	1	1
計	1	3	3	3	5	15

☞ x, y それぞれの度数分布表を組み合わせたものとなる．

☞ (1)の散布図の1マスと(2)の相関表の1マスが対応している．
　　ただし，

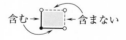
含む→　　　←含まない

と考える．

―――― COMMENT ――――

　(1)の散布図あるいは(2)の相関表より，x の値が増えれば y の値は減る傾向が読みとれる．

問題2・8

ある高校の40人の生徒に，英語と数学の試験を行った．

英語の得点を変量x，数学の得点を変量yとしたとき，xとyの散布図は次のようになる．

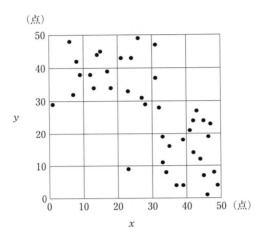

(1)　散布図をもとに，次の相関表を完成せよ．

y（点）＼x（点）	0 以上～10 未満	10～20	20～30	30～40	40～50	計
40 以上～50 未満						
30 以上～40 未満						
20 以上～30 未満						
10 以上～20 未満						
0 以上～10 未満						
計						40

(2)　変量 x, y の箱ひげ図として適当なものを次の ①〜⑥ のうちから 1 つずつ選べ.

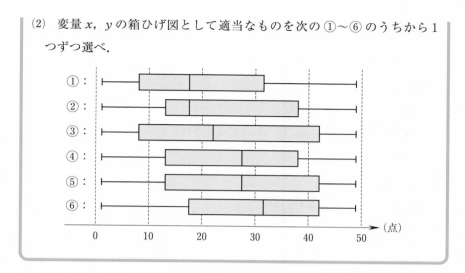

例題 2・9 ────────────────────── 共分散, 相関係数 (1)

それぞれ 6 個の値からなる 2 つの変量 x, y の組 (x, y) が次のように与えられている.

$$(2, 6), \quad (4, 7), \quad (4, 4), \quad (5, 6), \quad (7, 7), \quad (8, 6)$$

変量 x, y の共分散 s_{xy}, 相関係数 r_{xy} をそれぞれ求めよ.

解答

変量 x, y の平均値をそれぞれ $\overline{x}$, $\overline{y}$ とおく.

$$\overline{x} = \frac{1}{6}(2+4+4+5+7+8) = 5,$$

$$\overline{y} = \frac{1}{6}(6+7+4+6+7+6) = 6.$$

☞ まずは, 平均値を求める.

$X = x - \overline{x} = x - 5$, $Y = y - \overline{y} = y - 6$ とおき, 変量 X^2, Y^2, XY の総和および平均値を次の表で求める.

☞ 共分散, 相関係数を求めるときは, このように表にまとめていくとよい.

	x	y	X	Y	X^2	Y^2	XY
	2	6	-3	0	9	0	0
	4	7	-1	1	1	1	-1
	4	4	-1	-2	1	4	2
	5	6	0	0	0	0	0
	7	7	2	1	4	1	2
	8	6	3	0	9	0	0
総和	30	36	0	0	24	6	3
平均値	5	6	0	0	4	1	0.5

よって, $s_{xy} = 0.5$.

変量 x, y の分散をそれぞれ $s_x{}^2$, $s_y{}^2$ とおくと,

$$s_x{}^2 = 4, \quad s_y{}^2 = 1$$

となるから,

☞ x と y の共分散は, $(x-\overline{x})(y-\overline{y})$ の平均値 つまり, XY の平均値

☞ x の分散は, $(x-\overline{x})^2$ の平均値 つまり, X^2 の平均値

$$r_{xy} = \frac{s_{xy}}{\sqrt{s_x{}^2}\sqrt{s_y{}^2}}$$

$$= \frac{0.5}{\sqrt{4}\cdot\sqrt{1}}$$

$$= 0.25.$$

> ☞ $(x$ と y の相関係数$)$
> $$= \frac{(x \text{ と } y \text{ の共分散})}{(x \text{ の標準偏差})\cdot(y \text{ の標準偏差})}$$

（参考）

　共分散の公式（p.24 下）を用いる場合は次のようにするとよい.

$X = x - \boxed{4}$, $Y = y - \boxed{6}$ とおく.

> x, y それぞれの仮平均
> として 4, 6 をとった

x	y	X	Y	X^2	Y^2	XY
2	6	-2	0	4	0	0
4	7	0	1	0	1	0
4	4	0	-2	0	4	0
5	6	1	0	1	0	0
7	7	3	1	9	1	3
8	6	4	0	16	0	0

総和 　　　　　6　0　30　6　3

平均値 　　　　1　0　5　1　0.5

　　　　　　　↑　↑
　　　　　　　$\overline{X}$　$\overline{Y}$

x の分散：$s_x{}^2 = (X$ の分散$) = (X^2$ の平均値$) - (\overline{X})^2$
$$= 5 - 1^2 = 4,$$

y の分散：$s_y{}^2 = (Y$ の分散$) = (Y^2$ の平均値$) - (\overline{Y})^2$
$$= 1 - 0^2 = 1,$$

x と y の共分散：$s_{xy} = (X$ と Y の共分散$) = (XY$ の平均値$) - \overline{X}\cdot\overline{Y}$
$$= 0.5 - 1\cdot 0 = 0.5,$$

x と y の相関係数：$r_{xy} = (X$ と Y の相関係数$)$
$$= \frac{0.5}{\sqrt{4}\cdot\sqrt{1}} = 0.25.$$

問題 2・9

10人の生徒に英語と数学のテストを行った．英語の得点を変量 x，数学の得点を変量 y とするとき，x，y の組 (x, y) は次のようになる．

$$(1, 8), \ (2, 8), \ (3, 9), \ (5, 5), \ (6, 7),$$
$$(7, 3), \ (8, 5), \ (9, 5), \ (9, 3), \ (10, 7)$$

(1) 変量 x，y の相関係数 r_{xy} を求めよ．

(2) 次の ①～⑤ のうち，正しいものを1つ選べ．

① 変量 x，y には正の相関関係があり，x の値が大きいほど y の値は大きいという傾向がある．

② 変量 x，y には正の相関関係があり，x の値が大きいほど y の値は小さいという傾向がある．

③ 変量 x，y には負の相関関係があり，x の値が大きいほど y の値は大きいという傾向がある．

④ 変量 x，y には負の相関関係があり，x の値が大きいほど y の値は小さいという傾向がある．

⑤ 変量 x，y にはほとんど相関関係がない．

─┤HINT├─

(1)　**例題 2・9** と同じように表を作成していこう.

$$r_{xy} = \frac{(x \text{ と } y \text{ の共分散})}{(x \text{ の標準偏差}) \cdot (y \text{ の標準偏差})}$$

例題 2・10　　　　　　　　　　　　　　　　　　　　　　相関係数 (2)

　次の A，B，C，D の散布図で与えられるデータの組の相関係数を，そ
れぞれ r_A，r_B，r_C，r_D とおく．ただし，すべての散布図において，縦軸
と横軸の縮尺は同じであるものとする．

A　　　　　　　　B　　　　　　　　C　　　　　　　　D

　このとき，r_A，r_B，r_C，r_D の大小を比較せよ．

解答

　散布図上の点が，右上がりに分布している散布図
は A と B，右下がりに分布している散布図は C，
まんべんなく分布している散布図は D であるから，

$$r_A > 0,\quad r_B > 0,\quad r_C < 0,\quad r_D \text{ は 0 に近い}$$

となる．

　A，B それぞれの散布図に，ほとんどすべての点
を内部に含むような，できるだけ小さい楕円を描く
と次のようになる．

A　　　　　　　B

　これより，散布図上の点がより直線状に分布して
いる散布図は A であるから，

$$r_A > r_B.$$

　よって，r_A，r_B，r_C，r_D の大小を比較すると，

$$r_C < r_D < r_B < r_A.$$

☞散布図上の点が右上がり
　に分布しているとき，
　　　(相関係数) > 0,
　右下がりに分布している
　とき，
　　　(相関係数) < 0
　となる．

☞散布図上の点が，より直
　線状に分布する（楕円が
　細くなる）ほど，相関係
　数の絶対値は 1 に近づく．

問題 2・10

次のそれぞれの散布図で与えられるデータの組の相関係数を，あとの
①〜⑨の中から１つずつ選べ．ただし，すべての散布図において，縦軸
と横軸の縮尺は同じであるものとする．

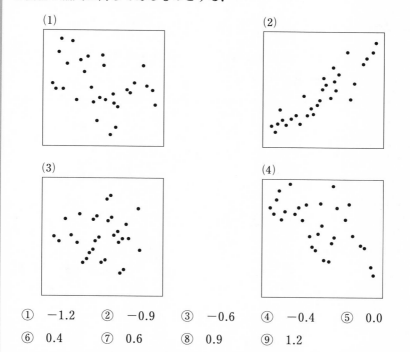

① 　−1.2 　　② 　−0.9 　　③ 　−0.6 　　④ 　−0.4 　　⑤ 　0.0

⑥ 　0.4 　　⑦ 　0.6 　　⑧ 　0.9 　　⑨ 　1.2

────── HINT ──────

それぞれの散布図について，ほとんどすべての点を内部に含むようなできる
だけ小さな楕円を描いてみよう!!

(1)〜(4)で相関係数の絶対値が同じ値になりそうな散布図の組み合わせはな
いことに注意しよう.

例題2・11　　　　　　　　　　　　　　　　　　　**変量の変換**

変量 x の平均値は 5，分散は 4 である．

$X=-3x+2$ により変量 X を定める．

(1)　変量 X の平均値 $\overline{X}$，分散 $s_X{}^2$，標準偏差 s_X をそれぞれ求めよ．

(2)　変量 y に対して，$Y=\dfrac{1}{2}y+1$ により変量 Y を定める．変量 x と y

の共分散が 4.8，相関係数が 0.8 となるとき，変量 X と Y の共分散 s_{XY}，相関係数 r_{XY} をそれぞれ求めよ．

解答

(1)　変量 x の平均値を $\overline{x}$，分散を $s_x{}^2$，標準偏差を s_x とおく．

条件より，

$$\overline{x}=5,\quad s_x{}^2=4.$$

分散が 4 であるから，

$$s_x=\sqrt{4}=2.$$

☜ (標準偏差)＝$\sqrt{(分散)}$

$X=-3x+2$ より，

$$\begin{aligned}\overline{X}&=-3\overline{x}+2\\&=-3\cdot5+2\\&=-13,\end{aligned}$$

☜ $X=ax+b$ のとき $\overline{X}=a\overline{x}+b$

$$\begin{aligned}s_X{}^2&=(-3)^2s_x{}^2\\&=9\cdot4\\&=36,\end{aligned}$$

☜ $X=ax+b$ のとき $s_X{}^2=a^2s_x{}^2$

$$\begin{aligned}s_X&=|-3|s_x\\&=3\cdot2\\&=6.\end{aligned}$$

☜ $X=ax+b$ のとき $s_X=|a|s_x$

☜ $s_X=\sqrt{s_X{}^2}=\sqrt{36}=6$ として求めることもできる．

⑵　変量 x と y の共分散を s_{xy}, 相関係数を r_{xy} と

おく.

条件より,

$$s_{xy}=4.8, \quad r_{xy}=0.8.$$

$X=-3x+2, \quad Y=\dfrac{1}{2}y+1$ より,

$$s_{XY}=(-3)\cdot\dfrac{1}{2}s_{xy}$$

$$=-\dfrac{3}{2}\cdot4.8$$

$$=-7.2,$$

$$r_{XY}=-r_{xy}$$

$$=-0.8.$$

☜ $X=ax+b, \ Y=cy+d$
　のとき
$$s_{XY}=ac\cdot s_{xy}$$

☜ $X=ax+b, \ Y=cy+d$
　$(ac\neq0)$ のとき
$$r_{XY}=\begin{cases} r_{xy} \ (ac>0), \\ -r_{xy} \ (ac<0) \end{cases}$$

=== COMMENT ===

　変量の変換に関する性質 (p.28〜29) は,公式として使いこなせるように

しておこう.

　直接問われること以外にも,計算を楽にする手法として用いることもでき

る.(☞ **演習 4・5**)

問題 2・11

2つの変量 x, y に対して,

$$X=ax+b, \quad Y=cy-1 \quad （ただし, a>0）$$

により新たな変量 X, Y を定める.

変量 x の平均値が 48, 分散が 9, 変量 X の平均値が 66, 分散が 1 であり, さらに変量 x と y の共分散が 4.8, 変量 X と Y の共分散が 9.6 であるとき, 定数 a, b, c の値を求めよ.

HINT

変量 x, X の平均と分散の関係を用いて，a, b についての連立方程式を立てよう．

さらに共分散の関係を用いて，c の値を求めよう．

第3章

共通テストの対策

　この章では，共通テスト対策として，マーク形式の問題を7題収録しています.

　一通りの内容をマーク形式で演習することを目的としていますので，各問題の分量は揃っていないところがあります.

　共通テストと同様に，カタカナ一つ一つに対し，数字（0〜9）または符号（−）が対応します.

　小数の形で解答する場合は，指定された桁数の一つ下の桁を四捨五入し，解答してください. 途中で割り切れた場合，指定された桁まで⓪にマークしてください.

第1問 （2018年度センター試験　数学I　本試）

　ある陸上競技大会に出場した選手の身長（単位は cm）と体重（単位は kg）のデータが得られた。男子短距離，男子長距離，女子短距離，女子長距離の四つのグループに分けると，それぞれのグループの選手数は，男子短距離が 328人，男子長距離が 271人，女子短距離が 319人，女子長距離が 263人である。

　次ページの図1および図2は，男子短距離，男子長距離，女子短距離，女子長距離の四つのグループにおける，身長のヒストグラムおよび箱ひげ図である。

　図1および図2から読み取れる内容として，次の⓪～⑥のうち，正しいものは ア ， イ である。

ア ， イ の解答群（解答の順序は問わない。）

⓪　四つのグループのうちで範囲が最も大きいのは，女子短距離グループである。

①　四つのグループのすべてにおいて，四分位範囲は 12 未満である。

②　男子長距離グループのヒストグラムでは，度数最大の階級に中央値が入っている。

③　女子長距離グループのヒストグラムでは，度数最大の階級に第1四分位数が入っている。

④　すべての選手の中で最も身長の高い選手は，男子長距離グループの中にいる。

⑤　すべての選手の中で最も身長の低い選手は，女子長距離グループの中にいる。

⑥　男子短距離グループの中央値と男子長距離グループの第3四分位数は，ともに 180 以上 182 未満である。

（第1問は次ページに続く。）

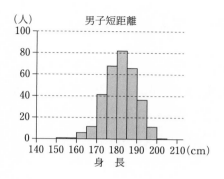

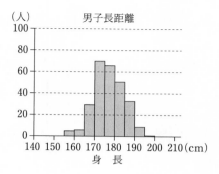

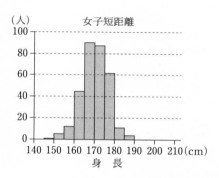

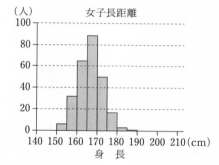

図1　身長のヒストグラム

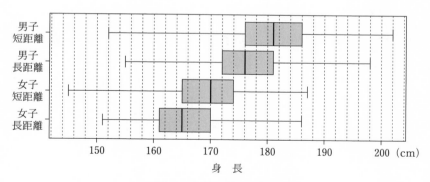

図2　身長の箱ひげ図

（出典：図1，図2はガーディアン社の Web ページにより作成）

第2問 （2016年度センター試験　数学I　本試）

　次の4つの散布図は，2003年から2012年までの120か月の東京の月別データをまとめたものである。それぞれ，1日の最高気温の月平均（以下，平均最高気温），1日あたり平均降水量，平均湿度，最高気温25℃以上の日数の割合を横軸にとり，各世帯の1日あたりアイスクリーム平均購入額（以下，購入額）を縦軸としてある。

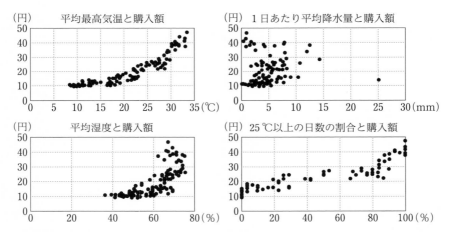

出典：総務省統計局（2013）『家計調査年報』，『過去の気象データ』（気象庁 Webページ）などにより作成

（第2問は次ページに続く。）

(1) 左のページの散布図から読み取れることとして，次の⓪〜④のうち，正しいものは ア と イ である。

ア ， イ の解答群（解答の順序は問わない。）

⓪　平均最高気温が高くなるほど購入額は増加する傾向がある。

①　1日あたり平均降水量が多くなるほど購入額は増加する傾向がある。

②　平均湿度が高くなるほど購入額の散らばりは小さくなる傾向がある。

③　25℃以上の日数の割合が80％未満の月は，購入額が30円を超えていない。

④　この中で正の相関があるのは，平均湿度と購入額の間のみである。

(2)　次の4つの散布図は，78ページの散布図『平均最高気温と購入額』の
　　データを季節ごとにまとめたもので，その下にある4つの箱ひげ図は，購入
　　額のデータを季節ごとにまとめたものである。

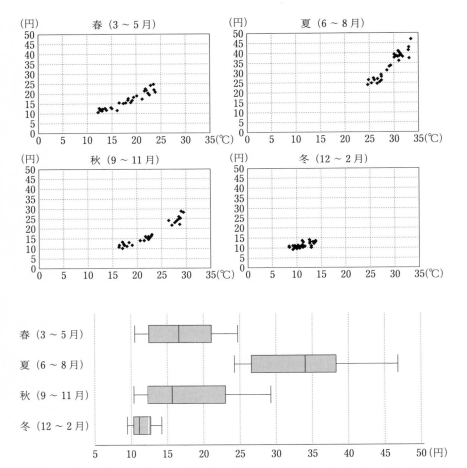

出典：総務省統計局（2013）『家計調査年報』，『過去の気象データ』（気象庁
　　　Webページ）などにより作成

（第2問は次ページに続く。）

　季節ごとの平均最高気温と購入額について，これらの図から読み取れること
として，次の⓪〜⑧のうち，正しいものは┃ウ┃と┃エ┃である。

┃ウ┃，┃エ┃の解答群（解答の順序は問わない。）

⓪　夏の購入額は，すべて 25 円を上回っている。

①　秋には平均最高気温が 20 ℃以下で購入額が 15 円を上回っている月
　　がある。

②　購入額の範囲が最も大きいのは秋である。

③　春よりも秋の方が，購入額の最大値は小さい。

④　春よりも秋の方が，購入額の第 3 四分位数は大きい。

⑤　春よりも秋の方が，購入額の中央値は大きい。

⑥　平均最高気温が 25 ℃を上回っている月があるのは夏だけである。

⑦　購入額の四分位範囲が最も小さいのは春である。

⑧　購入額が 35 円を下回っている月は，すべて平均最高気温が 30 ℃未
　　満である。

第3問（2019年度センター試験　数学Ⅰ　本試（改））

　全国各地の気象台が観測した「ソメイヨシノ（桜の種類）の開花日」や，「モンシロチョウの初見日（初めて観測した日）」，「ツバメの初見日」などの日付を気象庁が発表している。気象庁発表の日付は普通の月日形式であるが，この問題では該当する年の1月1日を「1」とし，12月31日を「365」（うるう年の場合は「366」）とする「年間通し日」に変更している。例えば，2月3日は，1月31日の「31」に2月3日の3を加えた「34」となる。

　図1は，モンシロチョウとツバメの両方を観測している41地点における，2017年の初見日の散布図である。散布図の点には重なった点が2点ある。

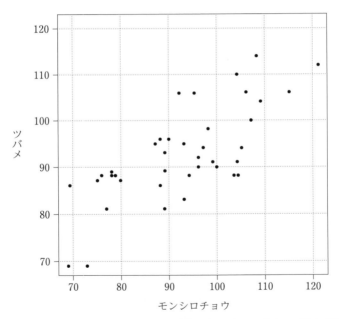

図1　モンシロチョウとツバメの初見日（2017年）の散布図

（出典：図1は気象庁「生物季節観測データ」Webページにより作成）

（第3問は次ページに続く。）

(1) 表1は，図1で示されたモンシロチョウの初見日のデータ M とツバメの初見日のデータ T について，平均値，標準偏差および共分散を計算したものである。ただし，M と T の共分散は，M の偏差と T の偏差の積の平均値である。なお，表1の数値は四捨五入していない正確な値とする。

表1　平均値，標準偏差および共分散

M の平均値	T の平均値	M の標準偏差	T の標準偏差	M と T の共分散
92.5	92.6	12.4	9.78	87.9

モンシロチョウとツバメの初見日のデータにおいて，M と T の相関係数は，| ア | である。

| ア | について最も適当なものを，次の ⓪ ～ ⑨ のうちから一つ選べ。

| ⓪ | 0.085 | ① | 0.714 | ② | 0.719 | ③ | 0.725 | ④ | 0.734 |
| ⑤ | 0.851 | ⑥ | 7.14 | ⑦ | 7.19 | ⑧ | 7.25 | ⑨ | 7.34 |

（第3問は次ページに続く。）

(2)　一般に n 個の数値 x_1, x_2, $\cdots$, x_n からなるデータ X の平均値を $\overline{x}$, 分散を s^2, 標準偏差を s とする。各 x_i に対して

$$x_i' = \frac{x_i - \overline{x}}{s} \quad (i=1, 2, \cdots, n)$$

と変換した x_1', x_2', $\cdots$, x_n' をデータ X' とする。ただし, $n \geqq 2$, $s > 0$ とする。

・X の偏差 $x_1 - \overline{x}$, $x_2 - \overline{x}$, $\cdots$, $x_n - \overline{x}$ の平均値は　$\boxed{\text{イ}}$　である。

・X' の平均値は　$\boxed{\text{ウ}}$　である。

・X' の標準偏差は　$\boxed{\text{エ}}$　である。

$\boxed{\text{イ}} \sim \boxed{\text{エ}}$ の解答群（同じものを繰り返し選んでもよい。）

⓪　0	①　1	②　-1	③　$\overline{x}$	④　s
⑤　$\dfrac{1}{s}$	⑥　s^2	⑦　$\dfrac{1}{s^2}$	⑧　$\dfrac{\overline{x}}{s}$	

（第3問は次ページに続く。）

　図1で示されたモンシロチョウの初見日のデータ M とツバメの初見日の
データ T について前ページの変換を行ったデータをそれぞれ M', T' とす
る。

　変換後のモンシロチョウの初見日のデータ M' と変換後のツバメの初見日
のデータ T' の散布図は，M' と T' の標準偏差の値を考慮すると　オ　で
ある。

　オ　について，最も適当なものを，次の ⓪ 〜 ③ のうちから一つ選べ。

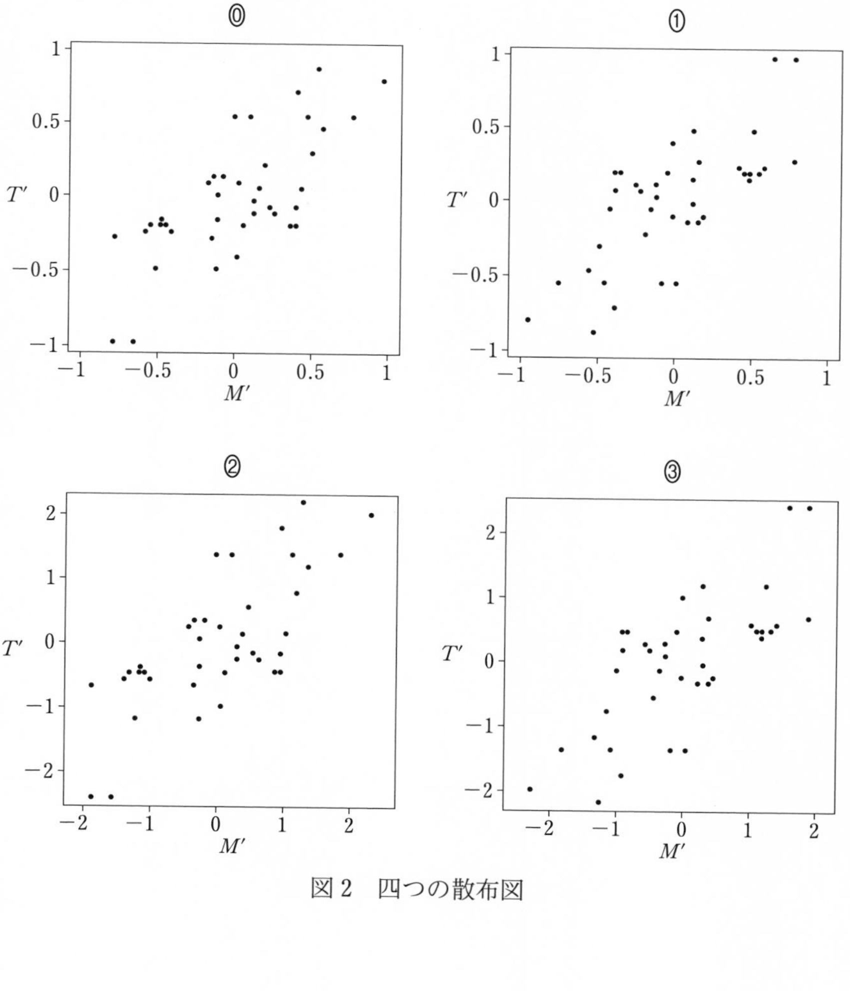

図2　四つの散布図

第4問（2022年度共通テスト　数学Ⅰ・A　本試（改））

　日本国外における日本語教育の状況を調べるために，独立行政法人国際交流基金では「海外日本語教育機関調査」を実施しており，各国における教育機関数，教員数，学習者数が調べられている。2018年度において学習者数が5000人以上の国と地域（以下，国）は29か国であった。これら29か国について，2009年度と2018年度のデータが得られている。

(1)　各国における2018年度の学習者数を100としたときの2009年度の学習者数 S，および，各国における2018年度の教員数を100としたときの2009年度の教員数 T を算出した。

　　例えば，学習者数について説明すると，ある国において，2009年度が44272人，2018年度が174521人であった場合，2009年度の学習者数 S は $\dfrac{44272}{174521} \times 100$ より 25.4 と算出される。

　　表1は S と T について，平均値，標準偏差および共分散を計算したものである。ただし，S と T の共分散は，S の偏差と T の偏差の積の平均値である。

　　表1の数値が四捨五入していない正確な値であるとして，S と T の相関係数を求めると ア ． イウ である。

表1　平均値，標準偏差および共分散

S の平均値	T の平均値	S の標準偏差	T の標準偏差	S と T の共分散
81.8	72.9	39.3	29.9	735.3

（第4問は次ページに続く。）

(2)　表1と(1)で求めた相関係数を参考にすると，(1)で算出した2009年度の S（横軸）と T（縦軸）の散布図は　エ　である。

　　エ　については，最も適当なものを，次の⓪〜③のうちから一つ選べ。なお，これらの散布図には，完全に重なっている点はない。

⓪
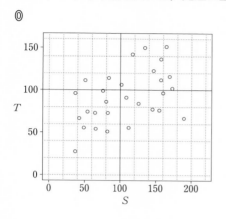

①
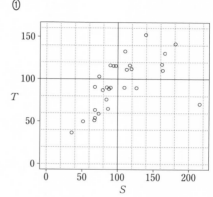

②
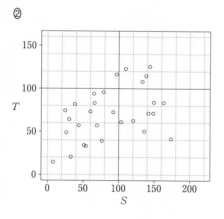

③
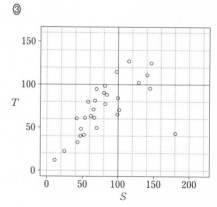

（第4問は次ページに続く。）

(3) (1)で算出した2009年度のSとTに対して,変量x, yを次式で定める。

$$x=\frac{S}{10}, \quad y=\frac{T}{10}$$

このとき,次のことが成り立つ。

・xの平均値はSの平均値 $\boxed{\text{オ}}$ 。

・xの分散はSの分散 $\boxed{\text{カ}}$ 。

・xとyの相関係数はSとTの相関係数 $\boxed{\text{キ}}$ 。

$\boxed{\text{オ}}$, $\boxed{\text{カ}}$, $\boxed{\text{キ}}$ の解答群（同じものを繰り返し選んでもよい。）

⓪ の $\frac{1}{100}$ 倍となる

① の $\frac{1}{10}$ 倍となる

② と等しい

③ の 10 倍となる

④ の 100 倍となる

NOTES

第5問 (2022年度共通テスト 数学Ⅰ 本試)

　日本国外における日本語教育の状況を調べるために，独立行政法人国際交流基金では「海外日本語教育機関調査」を実施しており，各国における教育機関数，教員数，学習者数が調べられている。2018年度において学習者数が5000人以上の国と地域（以下，国）は29か国であった。これら29か国について，2009年度と2018年度のデータが得られている。

　各国において，学習者数を教員数で割ることにより，国ごとの「教員1人あたりの学習者数」を算出することができる。図1と図2は，2009年度および2018年度における「教員1人あたりの学習者数」のヒストグラムである。これら二つのヒストグラムから，9年間の変化に関して，後のことが読み取れる。なお，ヒストグラムの各階級の区間は，左側の数値を含み，右側の数値を含まない。

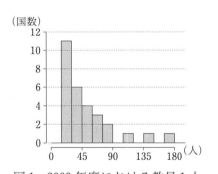

図1　2009年度における教員1人あたりの学習者数のヒストグラム

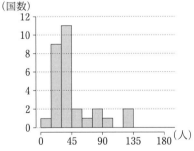

図2　2018年度における教員1人あたりの学習者数のヒストグラム

（出典：国際交流基金のWebページにより作成）

（第5問は次ページに続く。）

(1)　2009 年度と 2018 年度の中央値が含まれる階級の階級値を比較すると，
　　　　ア 　。

(2)　2009 年度と 2018 年度の第 1 四分位数が含まれる階級の階級値を比較する
　　と，　イ 　。

(3)　2009 年度と 2018 年度の第 3 四分位数が含まれる階級の階級値を比較する
　　と，　ウ 　。

(4)　2009 年度と 2018 年度の範囲を比較すると，　エ 　。

(5)　2009 年度と 2018 年度の四分位範囲を比較すると，　オ 　。

　ア 　～　オ 　の解答群（同じものを繰り返し選んでもよい。）

⓪　2018 年度の方が小さい
①　2018 年度の方が大きい
②　両者は等しい
③　これら二つのヒストグラムからだけでは両者の大小を判断できない

第 6 問 （共通テスト試作問題『数学 I，数学 A』）

　太郎さんと花子さんは，社会のグローバル化に伴う都市間の国際競争において，都市周辺にある国際空港の利便性が重視されていることを知った。そこで，日本を含む世界の主な 40 の国際空港それぞれから最も近い主要ターミナル駅へ鉄道等で移動するときの「移動距離」，「所要時間」，「費用」を調べた。なお，「所要時間」と「費用」は各国とも午前 10 時台で調査し，「費用」は調査時点の為替レートで日本円に換算した。

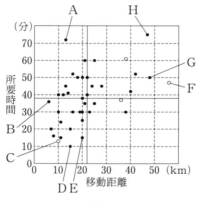

図 1

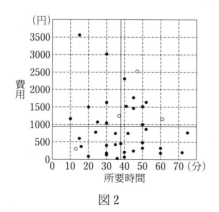

図 2

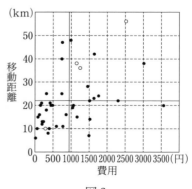

図 3

　図1は「移動距離」と「所要時間」の散布図，図2は「所要時間」と「費用」の散布図，図3は「費用」と「移動距離」の散布図である。ただし，白丸は日本の空港，黒丸は日本以外の空港を表している。また，「移動距離」，「所要時間」，「費用」の平均値はそれぞれ22，38，950であり，散布図に実線で示している。

(1)　以下では，データが与えられた際，次の値を外れ値とする。

　　　「(第1四分位数)−1.5×(四分位範囲)」以下のすべての値
　　　「(第3四分位数)+1.5×(四分位範囲)」以上のすべての値

　40の国際空港について，「所要時間」を「移動距離」で割った「1kmあたりの所要時間」を考えよう。外れ値を＊で示した「1kmあたりの所要時間」の箱ひげ図は ア であり，外れ値は図1のA～Hのうちの イ と ウ である。

　　 ア については，最も適当なものを，次の⓪～④のうちから一つ選べ。

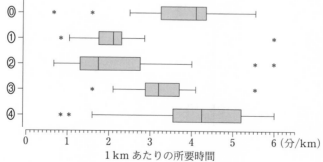

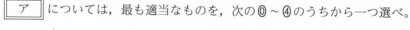

　 イ ， ウ の解答群（解答の順序は問わない。）

⓪ A　① B　② C　③ D　④ E　⑤ F　⑥ G　⑦ H

（第6問は次ページに続く。）

(2)　ある国で，次のような新空港が建設される計画があるとする。

移動距離（km）	所要時間（分）	費用（円）
22	38	950

　　次の(I)，(II)，(III)は，40の国際空港にこの新空港を加えたデータに関する記述である。

(I)　新空港は，日本の四つのいずれの空港よりも，「費用」は高いが「所要時間」は短い。

(II)　「移動距離」の標準偏差は，新空港を加える前後で変化しない。

(III)　図1，図2，図3のそれぞれの二つの変量について，変量間の相関係数は，新空港を加える前後で変化しない。

　　(I)，(II)，(III)の正誤の組合せとして正しいものは エ である。

エ の解答群

	⓪	①	②	③	④	⑤	⑥	⑦
(I)	正	正	正	正	誤	誤	誤	誤
(II)	正	正	誤	誤	正	正	誤	誤
(III)	正	誤	正	誤	正	誤	正	誤

NOTES

第7問

　図1は気象庁「2020年平年値」から作成した平成3年から令和2年までの47都道府県の降水量（平年値）の箱ひげ図である。

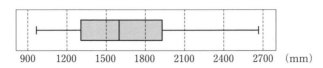

図1　気象庁「2020年平年値」降水量（平成3年〜令和2年）

　図2は気象庁「2020年平年値」から作成した平成3年から令和2年までの47都道府県の気温（平年値）のヒストグラムである。

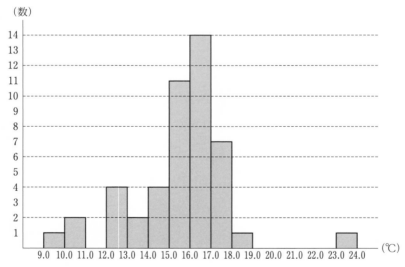

図2　気象庁「2020年平年値」気温（平成3年〜令和2年）

（第7問は次ページに続く。）

　「2020年平均値」について，気温（横軸）と降水量（縦軸）の散布図は　ア　である。

　　ア　については，最も適当なものを，次の⓪〜③のうちから一つ選べ。なお，これらの散布図には，完全に重なっている点はない。

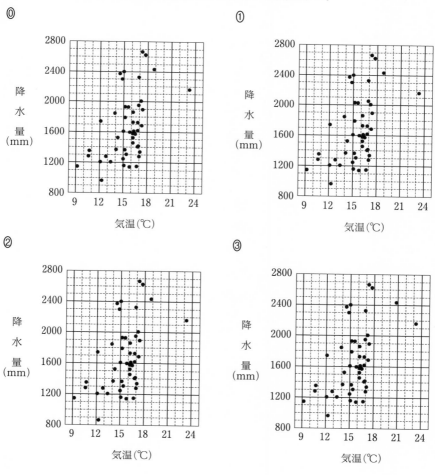

第4章

2次・私大試験の対策

　実際の2次・私大試験での出題を想定し，教科書に掲載されていない内容，また，入試問題として出題可能な他分野との融合問題を掲載しています．

　なお，問題の背景や発展的な公式をいくつか COFFEE BREAK として載せています．COFFEE BREAK は，対応する問題の解答を理解したあとで読んでください．

演習4・1　　　　　　　　　　　　　　　　　　　　度数分布表と箱ひげ図

　次の表は，30人のハンドボール投げの記録のデータを度数分布表にまとめたものである．ただし，a，b，c は0以上の整数であり，$a < b$ とする．

階級(m)	度数(人)
10 以上 15 未満	3
15 以上 20 未満	a
20 以上 25 未満	b
25 以上 30 未満	10
30 以上 35 未満	c
35 以上 40 未満	4
合計	30

　以下では，ハンドボール投げの記録を変量 x(m) とし，上の表において，ある階級に含まれるすべてのデータは，その階級の階級値をとるものとする．

(1)　変量 x の中央値として考えられる値をすべて求めよ．

(2)　度数分布表をもとに変量 x の箱ひげ図を作成すると次のようになった．

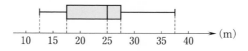

　このとき，a，b，c の値を求めよ．

(3)　a, b, c は(2)で求めた値とする.

　　度数を記入する際に, 2か所の度数を逆に記入していたことに気づ
　き, 正しく修正した. 修正した結果, 修正後の変量 x の平均値は, 修
　正前の変量 x の平均値に比べて 2(m) だけ増加し, 修正後の度数分布表
　をもとに変量 x の箱ひげ図を作成すると次のようになった.

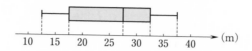

　　このとき, どの階級とどの階級の度数を逆に記入していたか答えよ.

演習 4・2 ————————————————— 平均値と分散(1)

20人に対して10点満点のテストを行ったところ，その平均値は5点で，分散は6.2であった．しかし，5人の答案に採点ミスがあり，得点が次のように修正された．

修正前	修正後
2点	5点
3点	9点
4点	9点
6点	10点
8点	10点

修正後の20人の得点の平均値，分散をそれぞれ求めよ．

演習 4・3 ───────────────── **平均と分散 ⑵**

あるクラスの 10 人（A～J）に対して，20 点満点のテストを 2 回行い，その結果を比較したい．以下の問に答えよ．ただし，1 回目のテストの得点を変量 x（単位：点），2 回目のテストの得点を変量 y（単位：点）とし，それぞれの平均値を $\bar{x}$，$\bar{y}$ とする．

(1) 次の表は，1 回目のテストの結果 x とその偏差の 2 乗 $(x-\bar{x})^2$ を計算した結果である．

	A	B	C	D	E	F	G	H	I	J
x	14	a	12	12	13	11	9	14	12	b
$(x-\bar{x})^2$	1	16	1	1	0	4	16	1	1	c

(i) $\bar{x}$ の値を求めよ．

(ii) a，b，c の値をそれぞれ求めよ．

(iii) x の分散を求めよ．

(2) 次の表は，2 回目のテストの結果 y とその偏差の 2 乗 $(y-\bar{y})^2$ を計算した結果である．y の平均値 $\bar{y}$，分散，標準偏差をそれぞれ求めよ．

	A	B	C	D	E	F	G	H	I	J
y	19	20	15	16	15	16	13	16	14	16
$(y-\bar{y})^2$	9	16	1	0	1	0	9	0	4	0

(3) x と y の相関係数を求めよ．ただし，小数第 3 位を四捨五入して，小数第 2 位まで答えよ．

(4) 1 回目と 2 回目のテスト結果を比較してわかることを，平均値，分散・標準偏差，相関係数を用いて記述せよ．
（福井大）

演習 4・4　　　　　　　　　　　　　　　　　　　**平均値と分散(3)**

30 人のクラスで英語と数学のテストを行った.

(1)　英語のテストの得点の平均値が 55 点, 数学のテストの得点の平均値が 42 点のとき, 2 科目の合計点について平均値を求めよ.

(2)　英語のテストの得点の分散が 12^2, 数学のテストの得点の分散が 15^2 であるとき, 2 科目の合計点について分散はどうなるか. 当てはまるものを次の ①, ②, ③ のうちから一つ選べ.

①　$(12+15)^2$　　　　　　　　　②　12^2+15^2

③　与えられたデータだけでは合計点の分散は求められない

☕ COFFEE BREAK

　２つの変量 x, y に対し, $z=x+y$ によって変量 z を定めると, x, y, z の平均値 $\overline{x}$, $\overline{y}$, $\overline{z}$ の間には,

$$\overline{z}=\overline{x}+\overline{y}$$

という関係式が成り立つ.

　これに対して, z の分散 $s_z{}^2$ は x, y の分散 $s_x{}^2$, $s_y{}^2$ だけでは決まらず, x と y の共分散 s_{xy} も用いて,

$$s_z{}^2=s_x{}^2+s_y{}^2+2s_{xy}$$

となる.

演習 4・5　　　　　　　　　　　　　　　　　　　　　　　**相関係数 (1)**

　10人の生徒に2種類のテスト A，B を行った．テスト A には1問5点の設問が20個，テスト B には1問4点の設問が25個あり，ともに満点は100点である．各テストの結果は次の通りである．

番号	テスト A		テスト B	
	正答数(問)	得点(点)	正答数(問)	得点(点)
1	18	90	25	100
2	19	95	18	72
3	16	80	22	88
4	12	60	21	84
5	17	85	25	100
6	16	80	21	84
7	11	55	21	84
8	18	90	18	72
9	17	85	18	72
10	16	80	21	84

(1)　テスト A とテスト B の正答数の共分散および相関係数を求めよ．

(2)　テスト A とテスト B の得点の共分散および相関係数を求めよ．

演習 4・6 ──────────────────── **相関係数 (2)**

２つの変量 x, y の $2N+1$ 組の値からなるデータ

$$(x, y) = (k, k^2)$$

$$(k = -N, -(N-1), \cdots, -1, 0, 1, \cdots, N-1, N)$$

がある．

変量 x, y の相関係数を求めよ．

COFFEE BREAK ─────────────

　変量 x と y の相関係数は，x と y の「関係の深さ」ととられがちであるが，より正確に言えば，「x と y の関係が１次関数（グラフが直線）に近いと仮定して，その近さの度合いを表したもの」である．

　したがって，**演習 4・6** のように x と y の関係が２次関数であるような事態は「想定外」なため，x と y の間にわかりやすい関係があるにもかかわらず，相関係数は 0 になっている．

　なお，「x と y の関係を表す直線」は**回帰直線**と呼ばれる．回帰直線は**演習 4・9** で取り扱う．

演習 4・7 ──────────────────────── **相関係数 (3)**

n は 2 以上の整数とし，$l,\ m$ は 2 以上 n 以下の整数とする．

0 以上の整数 a と 1 以上の整数 b に対し，a を b で割った余りを $R_b(a)$ と表す．変量 x と y の n 個の値の組を

$$(x_k,\ y_k)=(R_l(k-1)+1,\ R_m(k-1)+1)\quad(1\leqq k\leqq n)$$

としたときの x と y の相関係数を r とする．

(1) l は n の約数とし，$m=n$ であるとき，r を求めよ．

(2) $n=l(l+1)$ とし，$m=l+1$ であるとき，r を求めよ．

（京都府立医大）

演習 4・8 ━━━━ **相関係数とコーシー・シュワルツの不等式**

(1) 実数 x_i, y_i を係数とする N 個の t の 2 次式

$$(x_i t - y_i)^2 = x_i^2 t^2 - 2x_i y_i t + y_i^2 \quad (i = 1, 2, 3, \cdots, N)$$

を用いて，不等式

$$\left(\sum_{i=1}^{N} x_i y_i \right)^2 \leqq \left(\sum_{i=1}^{N} x_i^2 \right) \left(\sum_{i=1}^{N} y_i^2 \right) \quad \cdots (*)$$

が成り立つことを示せ．

(2) 2 つの変量 x, y の N 組の値からなるデータ

$$(x_1, y_1), (x_2, y_2), (x_3, y_3), \cdots, (x_N, y_N)$$

がある．変量 x, y の平均値をそれぞれ $\overline{x}$, $\overline{y}$ とし，

$$X_i = x_i - \overline{x}, \quad Y_i = y_i - \overline{y} \quad (i = 1, 2, 3, \cdots, N)$$

とする．変量 x と変量 y の相関係数 r が定義されるとき，r を X_i, Y_i $(i = 1, 2, 3, \cdots, N)$ を用いて表せ．

また，$|r| \leqq 1$ であることを示せ．

演習 4・9　　　　　　　　　　　　　　　　　　　　　回帰直線

(1)　2つの変量 x, y の N 組の値からなるデータ

$$(x_1, y_1), \ (x_2, y_2), \ (x_3, y_3), \ \cdots, \ (x_N, y_N)$$

がある．変量 x, y の平均値をそれぞれ $\overline{x}$, $\overline{y}$ とし，分散をそれぞれ $s_x{}^2$, $s_y{}^2$ とする．ただし，$s_x{}^2 \neq 0$ とする．また，x と y の共分散を s_{xy} とする．

　実数 a に対して，$f(x) = a(x - \overline{x}) + \overline{y}$ とするとき，

$$L(a) = \frac{1}{N} \sum_{i=1}^{N} \{y_i - f(x_i)\}^2$$

が最小となるような a の値を $s_x{}^2$, $s_y{}^2$, s_{xy} を用いて表せ．

(2)　(1)で求めた a に対し，直線 $y = f(x)$ を y の x への回帰直線という．

　変量 x, y の 10 組の値からなるデータ

$$(2, 2), \quad (3, 5), \quad (5, 8), \quad (8, 4), \quad (10, 5),$$
$$(10, 6), \quad (13, 5), \quad (14, 12), \quad (17, 8), \quad (18, 15)$$

に対し，回帰直線の方程式を求めよ．

COFFEE BREAK

演習 4・9(2) で与えられた 10 組の値からなるデータの散布図と，求めた直線（回帰直線）を重ねて描くと，次図のようになる．

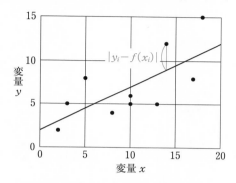

$L(a)$ はデータの各値と直線との y 方向の距離 $|y_i - f(x_i)|$ の 2 乗の平均値であり，この値が小さいほど，「回帰直線が x, y の関係をよく表している」といえる．

この問題のように，$|y_i - f(x_i)|$ の 2 乗の平均値が最小になるように x と y の関係式 $y = f(x)$ を定める方法を，最小 2 乗法という．

なお，相関係数を r とすると，$L(a)$ の最小値は

$$s_y{}^2 - \frac{s_{xy}{}^2}{s_x{}^2} = s_y{}^2 \left(1 - \frac{s_{xy}{}^2}{s_x{}^2 s_y{}^2}\right) = s_y{}^2(1 - r^2)$$

と表せるから，$r = \pm 1$ のときは最小値が 0，すなわちデータを構成するすべての組 (x, y) が回帰直線上にあることがわかる．

さらに，$a = \dfrac{s_{xy}}{s_x{}^2}$, $f(x) = a(x - \overline{x}) + \overline{y}$ に対し，

$$\frac{\sum\limits_{i=1}^{N}\{f(x_i) - \overline{y}\}^2}{\sum\limits_{i=1}^{N}(y_i - \overline{y})^2} = \frac{\sum\limits_{i=1}^{N}a^2(x_i - \overline{x})^2}{\sum\limits_{i=1}^{N}(y_i - \overline{y})^2} = \frac{s_{xy}{}^2}{s_x{}^2 s_y{}^2} = r^2$$

であるから，r^2 は y を $f(x)$ で置き換えたときに，y の分散が何倍になるかを示す値でもある．

演習 4・10　　　　　　　　　　　　　　チェビシェフの不等式

N 人の生徒がテストを受けた．このテストの得点を変量 x とし，x の平均値を $\overline{x}$，標準偏差を s_x とするとき，x 点であった生徒の偏差値は $\dfrac{x-\overline{x}}{s_x}\times10+50$ で求められる．たとえば，$\overline{x}$ 点，$\overline{x}+s_x$ 点，$\overline{x}-s_x$ 点の生徒の偏差値は，順に 50，60，40 である．

(1) $N=40$ とする．2つのテスト A，B の結果が以下の通りとなった．それぞれのテストの得点の平均値，標準偏差を求めよ．また，偏差値が 70 以上の生徒の人数をそれぞれ答えよ．

テスト A

得点	人数
10	2
20	5
30	7
40	12
50	7
60	5
70	2

テスト B

得点	人数
40	5
60	30
80	5

(2) a を正の数とする．N 人のうち，偏差値が $50+10a$ 以上または $50-10a$ 以下の生徒が M 人いたとする．

　このとき，これら M 人の生徒の得点を $x_1,\ x_2,\ x_3,\ \cdots,\ x_M$ とし，残りの $N-M$ 人の生徒の得点を $x_{M+1},\ x_{M+2},\ x_{M+3},\ \cdots,\ x_N$ とする．

$$\sum_{i=1}^{N}(x_i-\overline{x})^2\geqq(as_x)^2M$$

であることを示し，さらにこれを用いて，偏差値が $50+10a$ 以上または $50-10a$ 以下の生徒の割合 $\dfrac{M}{N}$ が $\dfrac{1}{a^2}$ 以下であることを示せ．

☕**COFFEE BREAK**

　変量 x の N 個の値からなるデータについて，x の平均値を $\overline{x}$，標準偏差を s_x とする．

　このとき，正の数 a に対して，

　　　　　偏差値が $50+10a$ 以上　または　$50-10a$ 以下

すなわち，

$$|x-\overline{x}| \geq as_x$$

である値の個数 M の，データの大きさ N に対する割合 $\dfrac{M}{N}$ が

$$\frac{M}{N} \leq \frac{1}{a^2}$$

を満たすことが**演習 4・10** の (2) で示された．これを，**チェビシェフの不等式**という．

　これによると例えば，偏差値が 70 以上または 30 以下のデータの割合は $\dfrac{1}{2^2}$ 以下，すなわち 25 ％以下であることがわかるが，上限値の 25 ％となるのは，**演習 4・10** のテスト B のように，「偏差値がちょうど 30 または 70 のデータが 25 ％で，他のデータがすべて平均値に等しい」という特殊なケースのときのみであり，多くの場合，$\dfrac{M}{N}$ の値はチェビシェフの不等式で求まる上限値よりかなり小さくなる．

　例えば，釣り鐘型の分布の 1 つの理想型である「正規分布」においては，偏差値が 70 以上または 30 以下のデータの割合は 4.6 ％ほどでしかない．

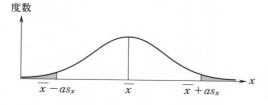

演習4・11 ──────────────────────────── **仮説検定**

頂点 a, b, c, d の正四面体がある.

Q は, ある頂点から他の頂点に移動し, どの観測時刻においてもこれらの頂点のいずれかに存在している.

Q が頂点 d に存在する確率が $\frac{1}{4}$ という仮説を立てた. この仮説の正しさを調べるために, Q の位置を異なる時刻で 10 回観測したところ, そのうち 6 回頂点 d に存在した. この仮説の正しさを有意水準 5 ％で検定せよ.

(名古屋大)

（補足）

有意水準 5 ％とは, 仮説検定において,

確率 5 ％未満である事象を

「ほとんど起こらない」事象と考える

という意味である.

なお, 仮説が正しくないと判断されることを仮説が棄却されるという. 仮説検定の最終的な答は

仮説が「棄却される」「棄却されない」

のいずれかである.

河合塾 SERIES

別冊 解答編

教科書だけでは足りない

大学入試攻略

7日間完成 データの分析

河合塾講師

堂前 孝信
戸田 光一郎
中村 敬一
福眞 剛司

共著

改訂版

河合出版

データの分析
解 答 編

第2章　重要テーマの演習

問題2・1

(1) $a = 10 + 16 = 26$.

$b = a + 8 = 26 + 8 = 34$.

$c = 40$.

$d = \dfrac{16}{40} = 0.4$.

$e = 0.25 + d = 0.25 + 0.4 = 0.65$.

$f = 1 - \dfrac{2}{40} = 0.95$.

(2) 度数分布表をもとにヒストグラムを作成すると次のようになる.

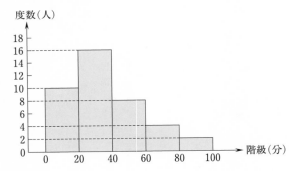

(3) 度数分布表における度数の最大値は16であるから，最頻値は，

$$\dfrac{20 + 40}{2} = 30.$$

☜（累積度数）
$= \left(\begin{array}{c}\text{その階級までの}\\\text{度数の合計}\end{array}\right)$

☜度数の合計は40である.

☜（相対度数）
$= \dfrac{(\text{その階級の度数})}{(\text{度数の合計})}$

☜（累積相対度数）
$= \left(\begin{array}{c}\text{その階級までの}\\\text{相対度数の合計}\end{array}\right)$

☜80以上100未満の階級の相対度数は，
$$\dfrac{2}{40} = 0.05$$

☜横軸に階級，縦軸に度数をとる.

度数が16となる階級は，20以上40未満

問題2・2

10個の値を小さい方から順に並べることを考える.

○, ○, ○, ○, ○,　○, ○, ○, ○, ○
（下位データ）　　　（上位データ）

> 第1四分位数を Q_1, 第2四分位数（中央値）を Q_2, 第3四分位数を Q_3 とする.

第1四分位数が6, 第3四分位数が26であるから,

○, ○, 6, ○, ○,　○, ○, 26, ○, ○
（下位データ）　　　（上位データ）

✍ $Q_1＝$（下位データの中央値）
$Q_3＝$（上位データの中央値）

6より小さい値として2, 4があり, 26より大きい値として31, 49があるから,

2, 4, 6, ○, ○,　○, ○, 26, 31, 49
（下位データ）　　　（上位データ）

よって, $a＝6$, $6＜b≦26$ となる.

✍ $a＜b$ より $a＝6$ と定まる.

また, 残りの○に入る値は, 7, 11, 15, b である.

第2四分位数（中央値）を Q_2 とおくと, $Q_2＝12$ より, 7, 11 は下位データである.

2, 4, 6, 7, 11,　○, ○, 26, 31, 49
　　　　　　　　b と 15

上位データの最小値を x とすると,

$$Q_2＝\frac{11+x}{2}＝12$$

より,

$$x＝13(\neq15).$$

よって,

$$a＝6, \quad b＝13.$$

問題 2・3

(1) 最小値, 第 1 四分位数, 第 2 四分位数 (中央値),
第 3 四分位数, 最大値をそれぞれ m, Q_1, Q_2,
Q_3, M とすると, 箱ひげ図は次のようになる.

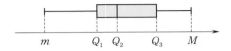

A, B, C それぞれに対応する箱ひげ図は,
A クラス… ④, B クラス… ③, C クラス… ⑧.

(2) A, B, C それぞれについて, 四分位範囲を求
めると,

      A クラス:$70-53=17$,

      B クラス:$82-53=29$,

      C クラス:$82-50=32$.

よって, 四分位範囲で得点の分布の散らばり度
合いを比較したとき, 散らばり度合いが最も小さ
いのは **A クラス**である.

✑(四分位範囲)$=Q_3-Q_1$

✑$17<29<32$

(参考)

(1) の ③, ④, ⑧ の箱ひげ図を比較すると, 四
分位範囲 (箱の部分の長さ) が最も短いのは ④
である. これより, ④ に対応するクラス, すな
わち, A クラスが散らばり度合いが最も小さい
とわかる.

(3) A, B, C それぞれについて, $Q_1-1.5\times L$,
$Q_3+1.5\times L$ の値を求めると

✑L は (2) で求めた四分位
範囲の値.

Aクラス：$53-1.5\times17=27.5$,　$70+1.5\times17=95.5$,

Bクラス：$53-1.5\times29=9.5$,　　$82+1.5\times29=125.5$,

Cクラス：$50-1.5\times32=2$,　　　$82+1.5\times32=130$.

　　よって，Aクラスは最大値 100 が外れ値になり，Bクラス，Cクラスでは

$Q_1-1.5\times L<(最小値)$,　$(最大値)<Q_3+1.5\times L$

が成り立つから，外れ値は存在しない.

　　したがって，外れ値は

　　　　　　Aクラスは存在する，

　　　　　　Bクラスは存在しない，

　　　　　　Cクラスは存在しない.

問題2・4

ヒストグラムそれぞれに中央値の位置を書き込むと次のようになる.

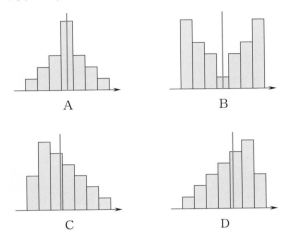

よって，ヒストグラムCに対応する箱ひげ図は②，ヒストグラムDに対応する箱ひげ図は③である.

次にヒストグラムA，Bそれぞれに第1四分位数の位置を書き込むと次のようになる.

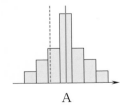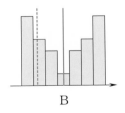

よって，ヒストグラムAに対応する箱ひげ図は④，ヒストグラムBに対応する箱ひげ図は①である.

以上より，各ヒストグラムに対応する箱ひげ図は，

A…④，B…①，C…②，D…③.

中央値の位置は，データ全体をおよそ50％ずつに分ける位置である.ヒストグラム全体を1つの図形と考えたときに，その面積を半分ずつに分ける縦線を書き込めばよい.

左右対称な図形は真ん中で分けると面積が半分ずつになる.

右下がりの図形は真ん中より左の位置，右上がりの図形は真ん中より右の位置で分けると面積が半分ずつになる.

第1四分位数の位置は，データ全体をおよそ1：3の比に分ける位置である.上で半分に分けた図形のうち左側にある図形について，その面積を半分ずつに分ける縦線を書き込めばよい.

問題 2・5

(解1) 〈平均値の定義を用いる〉

$$\overline{x} = \frac{1}{40}(1 \cdot 5 + 2 \cdot 10 + 3 \cdot 12 + 4 \cdot 10 + 5 \cdot 3)$$

$$= \frac{116}{40}$$

$$= 2.9.$$

次のように，度数分布表を作成して考えてもよい．

x	f	$x \cdot f$
1	5	5
2	10	20
3	12	36
4	10	40
5	3	15
計	40	116

よって，

$$\overline{x} = \frac{116}{40} = 2.9.$$

☞ 変量 x のデータは，

$$\underbrace{1, \cdots, 1,}_{5 \text{個}} \underbrace{2, \cdots, 2,}_{10 \text{個}} \underbrace{3, \cdots, 3,}_{12 \text{個}}$$

$$\underbrace{4, \cdots, 4,}_{10 \text{個}} 5, 5, 5$$

からなる．

(解2) 〈仮平均を用いる〉

仮平均を最頻値3とした.

$X = x - ③$ とおく.

x	1	2	3	4	5
X	-2	-1	0	1	2
度数 f	5	10	12	10	3

変量 X の平均値 $\overline{X}$ は,

$$\overline{X} = \frac{1}{40}\{(-2)\cdot 5 + (-1)\cdot 10 + 0\cdot 12 + 1\cdot 10 + 2\cdot 3\}$$

$$= \frac{-4}{40}$$

$$= -0.1.$$

よって,

仮平均

$$\overline{x} = ③ + \overline{X}$$

$$= 3 + (-0.1)$$

$$= 2.9.$$

次のように, 度数分布表を作成して考えてもよい.

問題で与えられた度数分布表にこの欄をつけ加える.

$X(=x-3)$	x	f	$X\cdot f$
-2	1	5	-10
-1	2	10	-10
0	3	12	0
1	4	10	10
2	5	3	6
計		40	-4

よって,

$$\overline{x} = ③ + \frac{-4}{40} = 2.9.$$

仮平均

問題2・6

(1)　度数 f の最大値は 12 であるから，

$$m=4.$$

✎ $f=12$ となる x の値は
4

(2)　(1)より，$X=x-4$ である．

x	1	2	3	4	5	6
X	-3	-2	-1	0	1	2
度数 f	4	6	9	12	5	4

変量 X の平均値 $\overline{X}$ は，

$$\overline{X}=\frac{1}{40}\{(-3)\cdot4+(-2)\cdot6+(-1)\cdot9+0\cdot12+1\cdot5+2\cdot4\}$$

$$=\frac{-20}{40}$$

$$=-0.5.$$

✎ まずは，X の平均値を求めよう．

(参考)
これより，x の平均値 $\overline{x}$ は，
$$\overline{x}=4+\overline{X}$$
$$=4+(-0.5)$$
$$=3.5$$

よって，X の分散は，

$$\frac{1}{40}\{(-2.5)^2\cdot4+(-1.5)^2\cdot6+(-0.5)^2\cdot9$$

$$+0.5^2\cdot12+1.5^2\cdot5+2.5^2\cdot4\}$$

$$=\frac{80}{40}$$

$$=2.$$

$\{-3-(-0.5)\}^2$

(別解)〈公式(本冊の p.21)を用いる〉

　X の分散は，

$$\frac{1}{40}\{(-3)^2\cdot4+(-2)^2\cdot6+(-1)^2\cdot9$$

$$+0^2\cdot12+1^2\cdot5+2^2\cdot4\}-(-0.5)^2$$

$$=\frac{90}{40}-0.25$$

$$=2.$$

平均値が小数の値となる場合は，こちらの方が計算が楽になる．

✎ (2乗の平均値)$-(\overline{X})^2$

(3)　$X = x - 4$ より，

$$(x \text{ の分散}) = (X \text{ の分散})$$
$$= 2.$$

> 値を足したり，引いたりしてできる変量の分散は，もとの変量の分散と同じである．
> (本冊の p.26 を参照)

(注)

(2)で表を作成して計算を行う場合は，次のようになる．

x	f	X	$X \cdot f$	$X - \overline{X}$	$(X - \overline{X})^2$	$(X - \overline{X})^2 \cdot f$
1	4	-3	-12	-2.5	6.25	25
2	6	-2	-12	-1.5	2.25	13.5
3	9	-1	-9	-0.5	0.25	2.25
4	12	0	0	0.5	0.25	3
5	5	1	5	1.5	2.25	11.25
6	4	2	8	2.5	6.25	25
総和	40		-20			80
平均値			-0.5			2
			$\uparrow$ $\overline{X}$			$\uparrow$ X の分散

☜ $\overline{X} = -0.5$
　(表の最下段を見よ！)

☜ $\overline{X} = \dfrac{-20}{40} = -0.5$

　$(X \text{ の分散}) = \dfrac{80}{40} = 2$

また，

$$s_X{}^2 = (X^2 \text{の平均}) - (X \text{の平均})^2$$

を用いて計算する場合は，次のようになる．

x	f	X	$X \cdot f$	X^2	$X^2 \cdot f$
1	4	-3	-12	9	36
2	6	-2	-12	4	24
3	9	-1	-9	1	9
4	12	0	0	0	0
5	5	1	5	1	5
6	4	2	8	4	16
総和	40		-20		90
平均値			-0.5		2.25

$\uparrow$
$\overline{X}$　　　X^2の平均値

☜ $\overline{X} = \dfrac{-20}{40} = -0.5.$

$(X^2 \text{の平均値}) = \dfrac{90}{40}$
$= 2.25$

$$(X \text{の分散}) = (X^2 \text{の平均値}) - (\overline{X})^2$$
$$= 2.25 - (-0.5)^2$$
$$= 2.$$

問題 2・7

Aクラスの20人の得点の合計をS_A，Bクラスの30人の得点の合計をS_Bとおく.

このとき，

$$\frac{S_A}{20}=65, \quad \frac{S_B}{30}=60$$

となるから，

$$S_A=20\cdot65, \quad S_B=30\cdot60.$$

よって，

$$m=\frac{1}{50}(S_A+S_B)$$

$$=\frac{1}{50}(20\cdot65+30\cdot60)$$

$$=62.$$

次に，Aクラスの20人の得点の2乗の合計をT_A，Bクラスの30人の得点の2乗の合計をT_Bとおく.

このとき，

$$\frac{T_A}{20}-65^2=13.5, \quad \frac{T_B}{30}-60^2=11.0$$

となるから，

$$T_A=20(65^2+13.5), \quad T_B=30(60^2+11).$$

よって，

$$s^2=\frac{1}{50}(T_A+T_B)-m^2$$

$$=\frac{1}{50}\{20(65^2+13.5)+30(60^2+11)\}-62^2$$

$$=\frac{2}{5}(65^2+13.5)+\frac{3}{5}(60^2+11)-62^2$$

$$=18.0.$$

《POINT!》
個々の得点が未知であるので，総和に着目して考えていく.

☜Aクラス20人の平均点は65，
　Bクラス30人の平均点は60

☜50人の得点の合計は，
　　S_A+S_B

☜Aクラス20人の分散は13.5，
　Bクラス30人の分散は11.0

問題2・8

(1)　散布図をもとに相関表を作成すると次のように
　　なる.

x(点)　y(点)	0以上~10未満	10~20	20~30	30~40	40~50	計
40以上~50未満	2	2	3	1	0	8
30~40	2	4	2	1	0	9
20~30	1	0	1	1	5	8
10~20	0	0	0	4	3	7
0~10	0	0	1	3	4	8
計	5	6	7	10	12	40

☜相関図における点1つが
　度数1である.

(2)　40個の値を小さい順に並べることを考える

　　(i番目にある値を $\boxed{i}$ と書く).

$\boxed{1}, \cdots, \boxed{10}, \boxed{11}, \cdots, \boxed{20},$　$\boxed{21}, \cdots, \boxed{30}, \boxed{31}, \cdots, \boxed{40}$

　　　（下位データ）　　　　　　（上位データ）

　　これより，$k=1, 2, 3$ に対して第 k 四分位数
　　を Q_k とおくと，

$$Q_1 = \frac{\boxed{10} + \boxed{11}}{2}, \quad Q_2 = \frac{\boxed{20} + \boxed{21}}{2}, \quad Q_3 = \frac{\boxed{30} + \boxed{31}}{2}.$$

　　(1)の相関表より，変量 x, y の度数分布表と
　　Q_i が属する階級は次のようになる.

x(点)	0以上~10未満	10~20	20~30	30~40	40~50
度数	5	6	7	10	12
Q_kの属する階級		Q_1		Q_2	Q_3

← (1)の相関表の1番上の行

← (1)の相関表の1番下の行

(1) の相関表の1番左の列

(1) の相関表の1番右の列

y（点）	度数	Q_k が属する階級
$40^{以上} \sim 50^{未満}$	8	
$30 \sim 40$	9	Q_3
$20 \sim 30$	8	Q_2
$10 \sim 20$	7	Q_1
$0 \sim 10$	8	

よって，変量 x，y の箱ひげ図は，それぞれ

$$x \cdots ⑥, \quad y \cdots ④.$$

(参考)

与えられた散布図において，値の小さい方から 10 番目と 11 番目，20 番目と 21 番目，30 番目と 31 番目の値を変量 x，y それぞれに対して考えてもよい.

変量 x については，

Q_1：およそ 17，Q_2：およそ 31，Q_3：およそ 42.

変量 y については，

Q_1：およそ 12，Q_2：およそ 26，Q_3：およそ 38.

問題 2・9

(1) 例題 2・9 と同じように $X=x-\overline{x}$, $Y=y-\overline{y}$ とおき，表を作成すると次のようになる．

x	y	X	Y	X^2	Y^2	XY
1	8	-5	2	25	4	-10
2	8	-4	2	16	4	-8
3	9	-3	3	9	9	-9
5	5	-1	-1	1	1	1
6	7	0	1	0	1	0
7	3	1	-3	1	9	-3
8	5	2	-1	4	1	-2
9	5	3	-1	9	1	-3
9	3	3	-3	9	9	-9
10	7	4	1	16	1	4
総和 60	60	0	0	90	40	-39
平均値 6	6	0	0	9	4	-3.9

よって，

$$r_{xy}=\frac{-3.9}{\sqrt{9}\,\sqrt{4}}=-0.65.$$

(2) $r_{xy}=-0.65$ であるから，変量 x, y には負の相関関係があり，x の値が大きいほど y の値は小さいという傾向がある．

よって，①〜⑤のうち正しいものは④である．

✎ $\overline{x}=6$, $\overline{y}=6$
（表の最下段を見よ！）

✎ $X=x-\overline{x}=x-6$
$Y=y-\overline{y}=y-6$

✎ $X=x-\overline{x}$, $Y=y-\overline{y}$ のとき，
x の分散 s_x^2 は X^2 の平均値，
x と y の共分散 s_{xy} は XY の平均値．

《POINT!》
①〜⑤のうち，明らかに誤っている②と③を最初に除く．

問題2・10

　それぞれの散布図について，ほとんどすべての点を内部に含むような，できるだけ小さい楕円をかく．

　このとき，楕円が細くなるにつれて，相関係数の絶対値は1に近づく．また，楕円が太くなるに従い，相関係数の絶対値は0に近づく．

《POINT!》
相関係数 r は $-1 \leqq r \leqq 1$ を満たし，$|r|$ が1に近いほど，散布図上の点は直線状に分布する．
また，$r>0$ のときは右上がり，$r<0$ のときは右下がりに分布する．

(1)
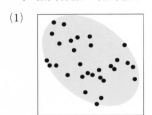

(2)
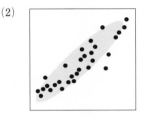

☜ (1)〜(4) の中で，(2) が最も楕円が「細い」．

(3)
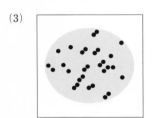

(4)
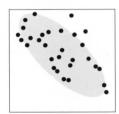

☜ (1)〜(4) の中で，(3) が最も楕円が「太い」．
☜ (1) と比べると，(4) の方が楕円は「細い」．

　それぞれのデータの組の相関係数を選択肢から選ぶと，およそ

　(1)　-0.4　　(2)　0.9　　(3)　0.0　　(4)　-0.6

となる．

　よって，

　　　(1)　④　　(2)　⑧　　(3)　⑤　　(4)　③

問題 2・11

変量 x の平均値を $\overline{x}$，分散を $s_x{}^2$ とおく．また，変量 X の平均値を $\overline{X}$，分散を $s_X{}^2$ とおく．

このとき，条件より，

$$\overline{x}=48,\quad s_x{}^2=9,\quad \overline{X}=66,\quad s_X{}^2=1. \quad \cdots ①$$

変量 x，y の共分散を s_{xy}，変量 X，Y の共分散を s_{XY} とおく．

このとき，条件より，

$$s_{xy}=4.8,\quad s_{XY}=9.6. \qquad \cdots ②$$

$X=ax+b$ より，

$$\overline{X}=a\,\overline{x}+b,\quad s_X{}^2=a^2 s_x{}^2$$

となるから，① を用いると，

$$\begin{cases} 66=48a+b, \\ 1=9a^2. \end{cases}$$

$a>0$ に注意して，これを解くと，

$$a=\frac{1}{3},\quad b=50.$$

$X=\dfrac{1}{3}x+50,\quad Y=cy-1$ より，

$$s_{XY}=\frac{1}{3}c\cdot s_{xy}$$

となるから，② を用いると，

$$9.6=\frac{1}{3}c\cdot 4.8.$$

$$c=6.$$

以上より，

$$a=\frac{1}{3},\quad b=50,\quad c=6.$$

《POINT!》
与えられた条件から，a，b，c についての連立方程式を立てよう．

☞ $a^2=\dfrac{1}{9}$，$a>0$ より

$$a=\frac{1}{3}$$

このとき，

$$66=48\cdot\frac{1}{3}+b$$
$$66=16+b$$
$$b=50$$

第3章　共通テストの対策

第1問

各選択肢の記述の正誤は以下の通りである.

⓪ 範囲とは,箱ひげ図の端から端までの長さのことであるから,最も大きいのは男子短距離グループである.

よって,範囲が最も大きいのは,女子短距離グループであるという記述は誤りである.

① 四分位範囲とは,箱ひげ図の箱の部分の長さのことであり,四つのグループすべてで12未満(問題文の箱ひげ図で6目盛り未満)である.すなわち,記述は正しい.

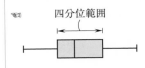

② 男子長距離グループのヒストグラムで度数最大の階級(最も高い柱)は170 (cm) 以上175 (cm) 未満の階級である.

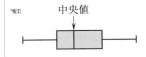

一方,男子長距離グループの中央値は,箱ひげ図から176 (cm) と読み取れ,ヒストグラムの170 (cm) 以上175 (cm) 未満の階級には含まれていないことがわかる.

よって,度数最大の階級に中央値が入っているという記述は誤りである.

③ 女子長距離グループのヒストグラムで度数最大の階級(最も高い柱)は165(cm) 以上170(cm) 未満の階級である.

一方,女子長距離グループの第1四分位数は,箱ひげ図から161 (cm) と読み取れ,ヒストグラムの165 (cm) 以上170 (cm) 未満の階級には含まれていないことがわかる.

よって，度数最大の階級に第1四分位数が入っているという記述は誤りである．

④ 箱ひげ図で各グループの最大値を見ると，最大値が最も大きいのは男子短距離のグループである．すなわち，すべての選手の中で最も身長の高い選手は，男子短距離グループの中にいる．

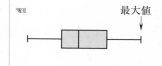

よって，最も身長の高い選手は，男子長距離グループの中にいるという記述は誤りである．

⑤ 箱ひげ図で各グループの最小値を見ると，最小値が最も小さいのは女子短距離のグループである．すなわち，すべての選手の中で最も身長の低い選手は，女子短距離グループの中にいる．

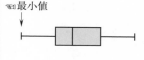

よって，最も身長の低い選手は，女子長距離グループの中にいるという記述は誤りである．

⑥ 男子短距離グループの中央値は，箱ひげ図より 181 (cm) と読み取れる．

一方，男子長距離グループの第3四分位数は，箱ひげ図より 181 (cm) と読み取れる．

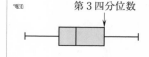

よって，これらはいずれも 180 以上 182 未満の範囲にある．すなわち，記述は正しい．

以上より， ア ， イ には ① ， ⑥ が当てはまる．

第2問

(1)　各選択肢の記述の正誤は以下の通りである.

⓪　平均最高気温と購入額の散布図において，ほとんどの点を含むような楕円を描いてみると，右上がりの楕円となる．したがって，平均最高気温と購入額には正の相関があるから，平均最高気温が高くなるほど購入額は増加する傾向がある．すなわち，記述は正しい.

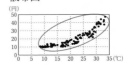

☜平均最高気温と購入額の
　散布図

①　1日あたり平均降水量と購入額の散布図において，ほとんどの点を含むような楕円を描いてみると，円に近い形状になる．したがって，1日あたり平均降水量と購入額には相関があまりない.

　　よって，1日あたり平均降水量が多くなるほど購入額は増加する傾向があるという記述は誤りである.

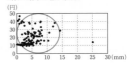

☜1日あたり平均降水量と
　購入額の散布図

②　平均湿度と購入額の散布図において，平均湿度が高くなると購入額の散らばりが大きくなる傾向がある．例えば，平均湿度が40％付近では購入額が10円付近に集中しているが，平均湿度が70％付近では購入額が10円強から50円弱まで幅広く散らばっている.

　　よって，平均湿度が高くなるほど購入額の散らばりが小さくなる傾向があるという記述は誤りである.

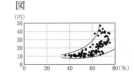

☜平均湿度と購入額の散布
　図

③　25℃以上の日数の割合と購入額の散布図において，25℃以上の日数の割合が80％未満で購入額が30円を超えている領域には点がない．したがって，25℃以上の日数の割合が80％未

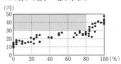

☜25℃以上の日数の割合
　と購入額の散布図

満の月は，購入額が 30 円を超えていない．す
なわち，記述は正しい．

④ 与えられた散布図において，ほとんどの点を
含むような楕円を描いてみると，「平均降水量
と購入額の散布図」以外は右上がりの楕円にな
る．すなわち，「平均降水量と購入額」以外の
3 つは正の相関がある．

よって，正の相関があるのは，平均湿度と購
入額の間のみであるという記述は誤りである．

以上より，　ア　，　イ　には ⓪，③ が
当てはまる．

(2) 各選択肢の記述の正誤は以下の通りである．

⓪ 夏の箱ひげ図より，夏の購入額の最小値は
25 円を下回っている．

よって，すべて 25 円を上回っているという
記述は誤りである．

① 秋の散布図で，平均最高気温が 20 ℃以下で
購入額が 15 円を超えている領域には点がない．

よって，平均最高気温が 20 ℃以下で購入額
が 15 円を上回っている月があるという記述は
誤りである．

② 範囲とは，箱ひげ図の端から端までの長さの
ことであるから，購入額の範囲が最も大きいの
は夏である．

よって，購入額の範囲が最も大きいのは秋で
あるという記述は誤りである．

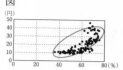

☜平均湿度と購入額の散布
図

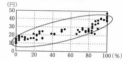

25 ℃以上の日数の割合
と購入額の散布図

☜散布図からもわかる．

☜最小値

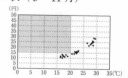

☜秋（9〜11 月）

☜範囲

③　春と秋の箱ひげ図を見比べると，最大値は秋の方が大きい．

よって，秋の方が最大値は小さいという記述は誤りである．

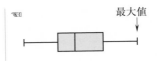
最大値

④　春と秋の箱ひげ図を見比べると，第3四分位数は秋の方が大きい．すなわち，記述は正しい．

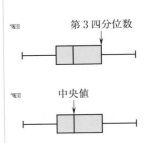
第3四分位数

⑤　春と秋の箱ひげ図を見比べると，中央値は秋の方が小さい．

よって，秋の方が中央値は大きいという記述は誤りである．

中央値

⑥　散布図より，平均最高気温が25℃を上回っている月は秋にもある．

よって，平均最高気温が25℃を上回っている月があるのは夏だけであるという記述は誤りである．

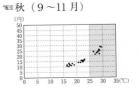
秋（9～11月）

⑦　四分位範囲とは，箱ひげ図の箱の部分の長さのことであるから，購入額の四分位範囲が最も小さいのは冬である．

よって，購入額の四分位範囲が最も小さいのは春であるという記述は誤りである．

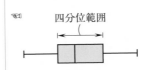
四分位範囲

⑧　どの散布図でも，購入額が35円を下回り平均最高気温が30℃以上である領域には点がないから，購入額が35円を下回っている月は，すべて平均最高気温が30℃未満であるという記述は正しい．

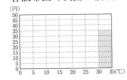
各散布図で次図の領域．

以上より，| ウ |，| エ |には ④，⑧ が当てはまる．

第3問

(1)　M と T の相関係数 は

$$\frac{(M \text{ と } T \text{ の共分散})}{(M \text{ の標準偏差}) \times (T \text{ の標準偏差})}$$

であるから,

$$\frac{87.9}{12.4 \times 9.78} = 0.7248\cdots.$$

よって, ア には ③ が当てはまる.

(2)　与えられた条件から

$$\overline{x} = \frac{1}{n}(x_1 + x_2 + \cdots + x_n).$$

X の偏差の平均値は

$$\frac{1}{n}\{(x_1 - \overline{x}) + (x_2 - \overline{x}) + \cdots + (x_n - \overline{x})\}$$

$$= \frac{1}{n}(x_1 + x_2 + \cdots + x_n) - \frac{1}{n} \cdot (n\overline{x})$$

$$= \overline{x} - \overline{x}$$

$$= 0.$$

X' の平均値 $\overline{x'}$ は

$$\overline{x'} = \frac{1}{n}\left\{\left(\frac{x_1 - \overline{x}}{s}\right) + \left(\frac{x_2 - \overline{x}}{s}\right) + \cdots + \left(\frac{x_n - \overline{x}}{s}\right)\right\}$$

$$= \frac{1}{s} \cdot \underbrace{\frac{1}{n}\{(x_1 - \overline{x}) + (x_2 - \overline{x}) + \cdots + (x_n - \overline{x})\}}_{\text{偏差の平均値}}$$

$$= 0.$$

☜ $-1 \leqq (\text{相関係数}) \leqq 1$ より, ⑥〜⑨ は誤りである.

☜計算するときは有効数字3桁なので, 途中の数値は4桁に四捨五入して行う.

$12.4 \times 9.78 = 121.272$
$\fallingdotseq 121.3$

$\dfrac{87.9}{121.3} = 0.7246\cdots$

選択式なので, 121.272 を 121 と近似して計算してもよい.

☜変量 x, y と定数 a, b に対して, $y = ax + b$ のとき

$$\overline{y} = a\overline{x} + b$$

であることを用いると,

$$a = 1, \quad b = -\overline{x}$$

として,

$$(X \text{ の偏差の平均値}) = 1 \cdot \overline{x} - \overline{x} = 0$$

☜ $X' = \dfrac{X - \overline{x}}{s} = \dfrac{1}{s}X - \dfrac{\overline{x}}{s}$

に対して, 上の公式を用いて

$$\overline{x'} = \frac{1}{s}\overline{x} - \frac{\overline{x}}{s} = 0$$

としてもよい.

X' の標準偏差を s' とすると，分散 $(s')^2$ は

$$(s')^2 = \frac{1}{n}\{(x_1' - \overline{x'})^2 + (x_2' - \overline{x'})^2 + \cdots + (x_n' - \overline{x'})^2\}$$

$$= \frac{1}{n}\left\{\left(\frac{x_1 - \overline{x}}{s}\right)^2 + \left(\frac{x_2 - \overline{x}}{s}\right)^2 + \cdots + \left(\frac{x_n - \overline{x}}{s}\right)^2\right\}$$

$$= \frac{1}{s^2} \cdot \frac{1}{n}\{(x_1 - \overline{x})^2 + (x_2 - \overline{x})^2 + \cdots + (x_n - \overline{x})^2\}$$

$$= \frac{1}{s^2} \cdot s^2$$

$$= 1.$$

よって，

$$s' = 1.$$

以上より，　イ　には　⓪　が当てはまり，

ウ　には　⓪　が当てはまり，　エ　には

①　が当てはまる.

　M' と T' の散布図を求める.

　$x' = \dfrac{x - \overline{x}}{s}$ により各点の相対的な位置関係は

変わらないから，この条件を満たす散布図は⓪と

②しかない.

　また，⓪，①の場合，データの値がすべて -1

以上 1 以下の範囲に散らばっているから標準偏差

が 1 になることはない.

　よって，　オ　には　②　が当てはまる.

☜ 変量 x, y と定数 a, b
に対して，$y = ax + b$ の
とき
$$s_y = |a| s_x$$
であることを用いて
$$s' = \left|\frac{1}{s}\right| s = 1$$
としてもよい.

第 4 問

(1) S と T の相関係数は

$$\frac{(S \text{ と } T \text{ の共分散})}{(S \text{ の標準偏差}) \times (T \text{ の標準偏差})}$$

であるから

$$\frac{735.3}{39.3 \times 29.9} = \frac{735.3}{1175.07} = 0.625 \cdots.$$

小数第 3 位を四捨五入して

$$\boxed{0} . \boxed{63}$$

(2) (1) の結果から S と T はやや強い正の相関があるから,求める散布図は①または③である.このうち,T の平均値が 72.9 であるのは③である.

よって,求める散布図は

$$\boxed{③}$$

(3) $x = \dfrac{S}{10}$ のとき S のデータを S_1, S_2, $\cdots$, S_{29}

として,$x_k = \dfrac{1}{10} S_k \ (k = 1, 2, 3, \cdots, 29)$ とすると,

x の平均値 $\overline{x}$ は

$$\overline{x} = \frac{1}{29}(x_1 + x_2 + \cdots + x_{29})$$

$$= \frac{1}{29}\left(\frac{1}{10}S_1 + \frac{1}{10}S_2 + \cdots + \frac{1}{10}S_{29}\right)$$

$$= \frac{1}{10} \cdot \frac{1}{29}(S_1 + S_2 + \cdots + S_{29})$$

$$= \frac{1}{10}\overline{S}.$$

よって,x の平均値は S の平均値の $\dfrac{1}{10}$ 倍となるから $\boxed{オ}$ には $\boxed{⓪}$ が当てはまる.

次に x, S の分散をそれぞれ $\sigma_x{}^2$, $\sigma_S{}^2$ とおくと

☜ $-1 \leqq$ (相関係数) $\leqq 1$ であるから $\boxed{ア}$ には 0 が入る.

☜ 選択式ではないので,近似せず計算する方がよい.
実際,分母を 1180 と近似して計算すると,0.623$\cdots$ となり四捨五入したときの値が変わってしまう.

☜ 散布図から直ちに平均値が求められるわけではないが,近い値として中央値を目安にすればよい.散布図より①の中央値は約 90,③の中央値は約 70 である.

☜ 変量 x, y と定数 a, b に対して,$y = ax + b$ のとき

$$\overline{y} = a\overline{x} + b$$

であることを用いて,

$$\overline{x} = \frac{1}{10}\overline{S}$$

としてもよい.

☜ σ_x, σ_s はそれぞれ x, S の標準偏差である.

$$\sigma_x{}^2 = \frac{1}{29}(x_1{}^2 + x_2{}^2 + \cdots + x_{29}{}^2) - \left(\overline{x}\right)^2$$

$$= \frac{1}{29}\left\{\left(\frac{1}{10}S_1\right)^2 + \left(\frac{1}{10}S_2\right)^2 + \cdots + \left(\frac{1}{10}S_{29}\right)^2\right\} - \left(\frac{1}{10}\overline{S}\right)^2$$

$$= \frac{1}{100}\left\{\frac{1}{29}(S_1{}^2 + S_2{}^2 + \cdots + S_{29}{}^2) - \left(\overline{S}\right)^2\right\}$$

$$= \frac{1}{100}\sigma_S{}^2.$$

よって，x の分散は S の分散の $\dfrac{1}{100}$ 倍となる

から 　**カ** 　には 　⓪ 　が当てはまる．

x と y の共分散を σ_{xy}，S と T の共分散を σ_{ST} とおくと

$$\sigma_{xy} = \frac{1}{29}(x_1 y_1 + x_2 y_2 + \cdots + x_{29} y_{29}) - \overline{x} \cdot \overline{y}$$

$$= \frac{1}{29}\left(\frac{1}{10}S_1 \cdot \frac{1}{10}T_1 + \frac{1}{10}S_2 \cdot \frac{1}{10}T_2 \right.$$

$$\left. + \cdots + \frac{1}{10}S_{29} \cdot \frac{1}{10}T_{29}\right) - \frac{1}{10}\overline{S} \cdot \frac{1}{10}\overline{T}$$

$$= \frac{1}{100}\left\{\frac{1}{29}(S_1 T_1 + S_2 T_2 + \cdots + S_{29} T_{29}) - \overline{S} \cdot \overline{T}\right\}$$

$$= \frac{1}{100}\sigma_{ST}.$$

x と y の相関係数を r_{xy}，S と T の相関係数を r_{ST} とおくと

$$r_{xy} = \frac{\sigma_{xy}}{\sigma_x \sigma_y}$$

$$= \frac{\dfrac{1}{100}\sigma_{ST}}{\dfrac{1}{10}\sigma_S \cdot \dfrac{1}{10}\sigma_T}$$

$$= \frac{\sigma_{ST}}{\sigma_S \sigma_T}$$

$$= r_{ST}.$$

☞ 変量 x，y と定数 a，b に対して，$y = ax + b$ のとき
$$\sigma_y{}^2 = a^2 \sigma_x{}^2$$
であることを用いて，
$$\sigma_x{}^2 = \left(\frac{1}{10}\right)^2 \sigma_S{}^2$$
としてもよい．

☞ （共分散）
　= (積の平均) − (平均の積)

☞ 以下で，σ_y，σ_T はそれぞれ y，T の標準偏差とする．

☞ $\sigma_x{}^2 = \dfrac{1}{100}\sigma_S{}^2$ より
$$\sigma_x = \frac{1}{10}\sigma_S.$$
同様に，
$$\sigma_y = \frac{1}{10}\sigma_T.$$

　　よって，x, y の相関係数は S, T の相関係数と等しくなるから ［キ］には ② が当てはまる．

✎ 変量 x, X, y, Y と定数 a, b, c, d に対して
$$X = ax + b,$$
$$Y = cx + d$$
のとき，
$$r_{XY} = \begin{cases} r_{xy} & (ac > 0 \text{ のとき}) \\ -r_{xy} & (ac < 0 \text{ のとき}) \end{cases}$$
であることを用いてもよい．

第5問

(1) 中央値は少ない方から数えて15番目の値である．少ない方から数えて15番目の値は，2009年度，2018年度とも30以上45未満の階級に含まれる．

よって，| ア | には | ② | が当てはまる．

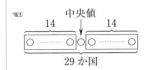

☜ 階級値はともに
$$\frac{30+45}{2} = 37.5.$$

(2) 第1四分位数 Q_1 は少ない方から数えて7番目と8番目の平均値である．少ない方から数えて7番目と8番目の値は，2009年度，2018年度とも15以上30未満の階級に含まれる．

よって，| イ | には | ② | が当てはまる．

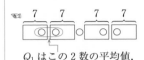

Q_1 はこの2数の平均値．

☜ 階級値はともに22.5.

(3) 第3四分位数 Q_3 は多い方から数えて7番目と8番目の平均値である．多い方から数えて7番目と8番目の値は，2009年度は60以上75未満の階級に含まれ，2018年度は45以上60未満の階級に含まれる．

よって，| ウ | には | ⓪ | が当てはまる．

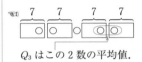

Q_3 はこの2数の平均値．

☜ 階級値は
2009年度が67.5，
2018年度が52.5．

(4) (範囲)＝(最大値)－(最小値)である．2009年度の最大値を M，最小値を m とおくと M は165以上180未満の階級に含まれ，m は15以上30未満の階級に含まれる，つまり

$$165 \leq M < 180, \quad 15 \leq m < 30$$

を満たす．

これより，2009年度の範囲は

$165-30 < M-m < 180-15$ つまり $135 < M-m < 165$

を満たす．

2018年度の最大値を M'，最小値を m' とおくと M' は120以上135未満の階級に含まれ，m'

は 0 以上 15 未満の階級に含まれる，つまり

$$120 \leqq M' < 135, \quad 0 \leqq m' < 15$$

を満たす．

これより，2018 年度の範囲は

$$120 - 15 < M' - m' < 135 - 0 \text{ つまり } 105 < M' - m' < 135$$

を満たす．

よって，　エ　には　⓪　が当てはまる．

(5)　四分位範囲は $Q_3 - Q_1$ である．

(2), (3) から 2009 年度については

$$15 \leqq Q_1 < 30, \quad 60 \leqq Q_3 < 75$$

を満たすから

$$60 - 30 < Q_3 - Q_1 < 75 - 15 \text{ つまり } 30 < Q_3 - Q_1 < 60$$

が成り立つ．

同様に，2018 年度については

$$15 \leqq Q_1 < 30, \quad 45 \leqq Q_3 < 60$$

を満たすから

$$45 - 30 < Q_3 - Q_1 < 60 - 15 \text{ つまり } 15 < Q_3 - Q_1 < 45$$

が成り立つ．

したがって，これだけでは，四分位範囲の大小は判断できない．

よって，　オ　には　③　が当てはまる．

（補足）

この問題は，ヒストグラムから 5 数要約の各値を読み取る問題である．

5 数要約の各値が読み取れれば箱ひげ図を作成することができるから，この問題の解法を用いることにより，ヒストグラムから合致する箱ひげ図を選ぶ問題を解くこともできる．

第6問

(1) 「1 km あたりの所要時間」とは，移動距離と
所要時間の散布図において，原点と各点を結ぶ直
線の傾きに相当する.

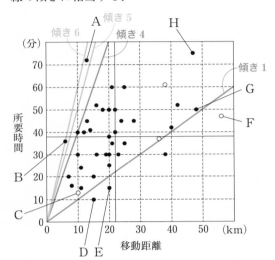

散布図より，2点 A，B に対応する傾きが5よ
り大きく，次に大きい傾きは点 (10, 40) に対応
する4である. 言い替えれば，直線の傾きが4か
ら5の間となる点は存在しない.　　　　…ⓐ

また，直線の傾きが1より小さい点もあるか
ら，最小値は1以下である.　　　　　　…ⓑ

選択肢の箱ひげ図のうち，⓪と④はⓐに反し，
③はⓑに反し，①は直線の傾きが4である点が存
在することに反する.

よって，　ア　には　②　が当てはまる.

また，②の箱ひげ図より，外れ値は直線の傾き
が5より大きい2つの値であるから，A と B に
対応する値である.

☞すべての点の傾きを正確
に計算するのは時間的に
不可能であるから，特徴
的な点に着目して不適切
な選択肢を排除し，生き
残ったものを正解にする
という「消去法」に頼ら
ねばならない.

☞直線の傾きが4以上の点
は3個しかない.

☞直線の傾きが1より小さ
い点は4個あることを利
用してもよい.

よって，　イ　，　ウ　には　⓪，①　が
当てはまる．

(参考)

②の箱ひげ図では，大きい方から2つの値が外
れ値であることを明示するため，大きい方から3
番目の値を最大値として箱ひげ図を描いている．
最小値や第1〜3四分位数は本来の40個の値に
対するものである．

箱ひげ図を描くとき，外れ値を含めるか否かは
問題により立場が異なる．

(2) 新空港の「移動距離」「所要時間」「費用」の値
は，新空港以外の40の国際空港の平均値（図1，
図2，図3で平均値を表す縦横の実線の交点）と
なっていることに注意すると，(I)，(II)，(III)の記
述の正誤は以下の通りである．

(I) 図2からわかるように，日本の4つの空港
（図の白丸）の中には，新空港と比べて「費用」
が高い空港も安い空港もあり，「所要時間」が
長い空港も短い空港もある．

よって，「費用」は高いが「所要時間」は短
いという記述は誤りである．

(II) 新空港の「移動距離」は他の40の空港の平
均値に等しいから，新空港を付け加えても平均
値は変わらない．

✎図2

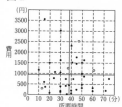

✎40の空港の「移動距離」
の平均値を $\overline{x}$ とすると，
40の空港の「移動距離」
の合計は $40\overline{x}$ で，新空
港の「移動距離」は $\overline{x}$
であるから，新しい平均
値は

$$\frac{40\overline{x}+\overline{x}}{41}=\overline{x}$$

したがって，新空港の「移動距離」について偏差は0であるから，新空港を付け加えても(偏差)^{2}の合計値は変わらないが，データの大きさ（空港の総数）が40から41に増えた分，分散は小さくなり，標準偏差も小さくなる．

よって，標準偏差は変化しないという記述は誤りである．

(Ⅲ)　2つの変量を x，y とし，x の標準偏差を s_x，y の標準偏差を s_y，x と y の共分散を s_{xy}，x と y の相関係数を r_{xy} とすると，$r_{xy}=\dfrac{s_{xy}}{s_x s_y}$ である．

「移動距離」「所要時間」「費用」のうちのどの2変量についても，(Ⅱ)と同じ理由で標準偏差は $\sqrt{\dfrac{40}{41}}$ 倍，共分散は $\dfrac{40}{41}$ 倍になるが，このとき $r_{xy}=\dfrac{s_{xy}}{s_x s_y}$ の右辺において，

分子は $\dfrac{40}{41}$ 倍，分母は $\sqrt{\dfrac{40}{41}}\cdot\sqrt{\dfrac{40}{41}}=\dfrac{40}{41}$ 倍となるから，r_{xy} の値は変化しない．すなわち，記述は正しい．

したがって，$\boxed{\text{エ}}$ には $\boxed{⑥}$ が当てはまる．

✎変量 x の平均値を $\overline{x}$ とすると
$$(偏差)=x-\overline{x}$$
✎変量 x の分散を $s_x{}^2$ とすると
$$s_x{}^2=\frac{((偏差)^2の和)}{(データの大きさ)}$$
$$(標準偏差)=\sqrt{s_x{}^2}$$

✎(Ⅰ)誤，(Ⅱ)誤，(Ⅲ)正．

第7問

⓪　矛盾が見つからない.

① 散布図をみると降水量が 2000（mm）以上の点が 12 個あるから, 第 3 四分位数は 2000（mm）以上になる. これは図 1 の箱ひげ図と矛盾する.

② 散布図をみると降水量の最小値は 900（mm）未満であるが, 図 1 の箱ひげ図の最小値は 900（mm）を超えているから矛盾する.

③ 散布図をみると気温が高い方から 2 番目の値は 20（℃）以上 21（℃）未満であるが, 図 2 のヒストグラムをみると気温が高い方から 2 番目の値は 19（℃）未満であるから矛盾する.

以上より, ┃ ア ┃ には ⓪ が当てはまる.

☞降水量の箱ひげ図は, 散布図の縦軸と関係している.

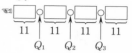

第 3 四分位数 Q_3 は大きい方から 12 番目の値.

☞気温のヒストグラムは, 散布図の横軸と関係している.

（補足）

第 6 問の (1) ほどではないが, この問題も正解の散布図⓪が, 箱ひげ図, ヒストグラムと矛盾しないことを確認するのは（解答時間の観点から）現実的でない.

そこで, 誤りの散布図を除外して解答していくことになるが, その際, 次のように「確認しやすい値, 量」を優先的に調べると効率良く解答できる.

☞消去法

・最大値, 最小値は, 箱ひげ図, ヒストグラム, 散布図のいずれでもすぐに読み取ることができる.

・ヒストグラムと散布図の比較では, 度数の小さい階級（特に度数が 0 の階級）の対比が容易である.

・散布図から 5 数要約（四分位数）の値を計算するときは, より簡単に計算できるものを図から判断してから, 必要に応じて正確な値を計算する.

第4章　2次・私大試験の対策

演習4・1

以下では，k m 以上 l m 未満の階級を
$R(k \leqq x < l)$ と表すことにする.

(1)　中央値は，値の大きい順で15人目の属する階級の階級値と16人目の属する階級の階級値の平均値である.

人数の合計に着目すると，

$$3 + a + b + 10 + c + 4 = 30$$

より，

$$a + b + c = 13. \qquad \cdots (*)$$

$0 \leqq a < b$，$c \geqq 0$ より，c のとり得る整数値は，

$$c = 0,\ 1,\ 2,\ \cdots,\ 12.$$

　(i)　$c = 0$ のとき，(*) より $a + b = 13$ であり，$a < b$ であるから，b のとり得る整数値は，

$$b = 7,\ 8,\ 9,\ \cdots,\ 13.$$

　　よって，値の大きい順で15人目と16人目は，ともに $R(20 \leqq x < 25)$ に属するから，x の中央値は 22.5 m.

　(ii)　$c = 1$ のとき，$b \neq 0$ も考慮すると，値の大きい順で15人目は $R(25 \leqq x < 30)$ に属し，16人目は $R(20 \leqq x < 25)$ に属するから，x の中央値は

$$\frac{27.5 + 22.5}{2} = 25 \ (\mathrm{m}).$$

　(iii)　$c = 2, 3, 4, \cdots, 10$ のとき，値の大きい順で15人目と16人目は，ともに $R(25 \leqq x < 30)$ に属するから，x の中央値は 27.5 m.

✎30 は偶数なので，中央にある2つの値の平均が中央値.

下位15人 上位15人

✎$b \geqq 1$ に注意.

✎25 m 以上の3つの階級に 14 人属している.

✎25 m 以上の3つの階級に 15 人属している.

✎値の大きい順で15人目と16人目が2つの階級にまたがって存在しているので，中央値はこの2つの階級の階級値の平均値.

✎$4 + c \leqq 14$ かつ $4 + c + 10 \geqq 16$ のとき.

(iv)　$c=11$ のとき，値の大きい順で 15 人目は

　　　$R(30 \leqq x < 35)$ に属し，16 人目は

　　　$R(25 \leqq x < 30)$ に属するから，x の中央値は

$$\frac{32.5+27.5}{2}=30 \text{ (m)}.$$

▷ 30 m 以上の 2 つの階級に 15 人属している.

▷ (ii) と同様に，中央値は 2 つの階級の階級値の平均値.

(v)　$c=12$ のとき，値の大きい順で 15 人目と 16

　　人目は，ともに $R(30 \leqq x < 35)$ に属するから，

　　x の中央値は 32.5 m.

▷ 30 m 以上の 2 つの階級に 16 人属している.

　　以上より，求める x の中央値は，

$$
\begin{cases}
22.5 \text{ m} & (c=0 \text{ のとき}), \\
25 \text{ m} & (c=1 \text{ のとき}), \\
27.5 \text{ m} & (c=2,\ 3,\ 4,\ \cdots,\ 10 \text{ のとき}), \\
30 \text{ m} & (c=11 \text{ のとき}), \\
32.5 \text{ m} & (c=12 \text{ のとき}).
\end{cases}
$$

(2)　箱ひげ図より，中央値は 25 m であることが読

み取れるから，(1) より $c=1$ である.

▷ $a+b=12$

　　このとき第 3 四分位数（値の大きい順で 8 人目

の属する階級の階級値）は 27.5 m で，箱ひげ図

から読み取れる値に一致する.

▷ 第 3 四分位数は，上位 15 人の中央値である.

　　また，箱ひげ図より，第 1 四分位数（値の小さ

い順で 8 人目の属する階級の階級値）は 17.5 m

であるから，

▷ 第 1 四分位数は，下位 15 人の中央値である.

$$3+a \geqq 8 \text{ より } a \geqq 5$$

であり，(∗) と $a < b$ も考慮すると，a, b のとり

得る整数値は，

▷ 値の小さい順で 8 人目は，$R(15 \leqq x < 20)$ に属している.

$$(a,\ b)=(5,\ 7)$$

のみである.

　　以上より，

$$(a,\ b,\ c)=(5,\ 7,\ 1).$$

(3)　修正後の箱ひげ図より，第3四分位数（値の大
きい順で8人目の属する階級の階級値）は 32.5 m
であるから，次の (i)，(ii) のいずれかである．

(i)　$R(30 \leqq x < 35)$ の度数が1のままで，

$R(35 \leqq x < 40)$ の度数が7に変更になったとき．

このとき，$R(20 \leqq x < 25)$ と，$R(35 \leqq x < 40)$
の度数が入れ替わっていたことになるから，度
数分布表は次のように訂正される．

階級(m)	度数(人)	
	修正前	修正後
10 以上 15 未満	3	3
15 以上 20 未満	5	5
20 以上 25 未満	7	4
25 以上 30 未満	10	10
30 以上 35 未満	1	1
35 以上 40 未満	4	7

このとき，階級値 22.5 m の階級の度数が3
減少し，階級値 37.5 m の階級の度数が3増加
するから，30人の記録の合計は

$$-22.5 \cdot 3 + 37.5 \cdot 3 = 45$$

増加し，その結果，平均値は $\dfrac{45}{30} = 1.5\,(\mathrm{m})$ だ

け増加する．これは，平均値が 2 (m) 増加する
ことに反する．

(ii)　$R(35 \leqq x < 40)$ の度数が4のままで，

$R(30 \leqq x < 35)$ の度数が4以上に変更になった
とき．

☜箱ひげ図で変化があった
のは，第3四分位数と中
央値．そこでまず，第3
四分位数に着目した．

☜訂正前で度数が7である
のは，$R(20 \leqq x < 25)$
だけ．

このとき，$R\,(30\leqq x<35)$ の度数が，

(a)　$R\,(15\leqq x<20)$ の度数，

(b)　$R\,(20\leqq x<25)$ の度数，

(c)　$R\,(25\leqq x<30)$ の度数

のいずれかと入れ替わっていたことになる．

階級(m)	度数(人)			
	修正前	(a)	(b)	(c)
10 以上 15 未満	3	3	3	3
15 以上 20 未満	5	1	5	5
20 以上 25 未満	7	7	1	7
25 以上 30 未満	10	10	10	1
30 以上 35 未満	1	5	7	10
35 以上 40 未満	4	4	4	4

☞訂正前で度数が 4 以上である階級は，
$R\,(35\leqq x<40)$ を除くと，
左の (a)，(b)，(c) の 3 つ．

このうち，(a) は第 1 四分位数が 22.5 m，(c) は中央値が 25 m で，箱ひげ図から読み取れる値と異なる．

(b) は第 1 四分位数，中央値ともに，箱ひげ図から読み取れる値と一致している．また，階級値 22.5 m の階級の度数が 6 減少し，階級値 32.5 m の階級の度数が 6 増加するから，30 人の記録の合計は

☞最大値，最小値は変化しない．

$$-22.5\cdot6+32.5\cdot6=60$$

増加し，その結果，平均値は $\dfrac{60}{30}=2\,(\text{m})$ だけ増加し，条件に合致する．

以上より，度数が入れ替わっていたのは，20 m 以上 25 m 未満の階級と 30 m 以上 35 m 未満の階級である．

演習 4・2

修正前のテストの得点を変量 x，修正後のテストの得点を変量 y とし，20 人に対する変量 x，y の組を，

$$(x_1,\ y_1),\ (x_2,\ y_2),\ (x_3,\ y_3),\ \cdots,\ (x_{20},\ y_{20})$$

とする.

修正があったのは，$(x_1,\ y_1)$ から $(x_5,\ y_5)$ に対応する 5 人とし，

$$(x_1,\ y_1)=(2,\ 5),\ (x_2,\ y_2)=(3,\ 9),$$
$$(x_3,\ y_3)=(4,\ 9),\ (x_4,\ y_4)=(6,\ 10),$$
$$(x_5,\ y_5)=(8,\ 10)$$

としてよい.

この 5 人以外については $x_i=y_i$ であるから，

$$\begin{aligned}
\sum_{i=1}^{20}(y_i-x_i)&=\sum_{i=1}^{5}(y_i-x_i)\\
&=(5-2)+(9-3)+(9-4)\\
&\quad+(10-6)+(10-8)\\
&=20.
\end{aligned}$$

よって，

$$\sum_{i=1}^{20}y_i-\sum_{i=1}^{20}x_i=20 \qquad \cdots ①$$

であるから，変量 x，y の平均値を $\overline{x}$，$\overline{y}$ とすると，① と $\overline{x}=5$ より，

$$\begin{aligned}
\overline{y}&=\frac{1}{20}\sum_{i=1}^{20}y_i\\
&=\frac{1}{20}\left(\sum_{i=1}^{20}x_i+20\right)\\
&=\overline{x}+1\\
&=6.
\end{aligned}$$

☜（平均値）$=\dfrac{(\text{総得点})}{(\text{人数})}$ であるから，平均値の差を求める準備として，まず総得点の差を求める.

また，

$$\sum_{i=1}^{20}(y_i{}^2-x_i{}^2)=\sum_{i=1}^{5}(y_i{}^2-x_i{}^2)$$

$$=(5^2-2^2)+(9^2-3^2)+(9^2-4^2)$$

$$+(10^2-6^2)+(10^2-8^2)$$

$$=258.$$

よって，

$$\sum_{i=1}^{20}y_i{}^2-\sum_{i=1}^{20}x_i{}^2=258. \qquad \cdots ②$$

一方，変量 x^2 の平均値を $\overline{x^2}$，変量 x の分散を $s_x{}^2$ とすると，$\overline{x}=5$，$s_x{}^2=6.2$ と，

$$s_x{}^2=\overline{x^2}-(\overline{x})^2$$

より，

$$\overline{x^2}=s_x{}^2+(\overline{x})^2$$

$$=6.2+5^2$$

$$=31.2.$$

これと ② より，変量 y^2 の平均値を $\overline{y^2}$ とすると，

$$\overline{y^2}=\frac{1}{20}\sum_{i=1}^{20}y_i{}^2$$

$$=\frac{1}{20}\left(\sum_{i=1}^{20}x_i{}^2+258\right)$$

$$=\overline{x^2}+12.9$$

$$=44.1.$$

したがって，変量 y の分散を $s_y{}^2$ とすると，

$$s_y{}^2=\overline{y^2}-(\overline{y})^2$$

$$=44.1-6^2$$

$$=8.1.$$

以上より，修正後の 20 人の得点の

平均値は **6** 点，分散は **8.1**

である．

☞ $s_y{}^2=\overline{y^2}-(\overline{y})^2$ より，$\overline{y}$ と $\overline{y^2}$ を求めれば $s_y{}^2$ が求まる．
そこでまず，x^2 の総和，y^2 の総和の差を求める．

演習4·3

(1)(i)　x が平均値 $\overline{x}$ に等しいとき，偏差の2乗

$(x-\overline{x})^2$ は0になるから，表より，

$$\overline{x}=13.$$

☜ $(x-\overline{x})^2$ の欄が0であるEの x の欄の値が $\overline{x}$ に等しい.

(ii)　$\overline{x}=13$ であることと表より，

$$\frac{14+a+12+12+13+11+9+14+12+b}{10}=13.$$

$$a+b=33. \qquad \cdots ①$$

また，表の x と $(x-\overline{x})^2$ の欄の比較より，

$$\begin{cases} (a-13)^2=16, & \cdots ② \\ (b-13)^2=c. & \cdots ③ \end{cases}$$

② より，

$$a=13\pm4=17,\ 9$$

☜ ② → ① → ③ の順に用いれば，a，b，c がこの順に求まる.

であるから，① より，

$$(a,\ b)=(17,\ 16),\ (9,\ 24).$$

テストが20点満点であることも考慮し，③

も用いると，

$$a=17, \quad b=16, \quad c=9.$$

☜ $0\leqq b\leqq20$ に注意.

(iii)　x の分散を $s_x{}^2$ とすると，表より，

$$s_x{}^2=\frac{1+16+1+1+0+4+16+1+1+9}{10}$$

$$=5.$$

☜ $c=9$ である.

(2)　$\overline{x}$ のときと同様に，$(y-\overline{y})^2$ が0になる y の

値が $\overline{y}$ であるから，表より

$$\overline{y}=16.$$

また，y の標準偏差を s_y とすると分散は $s_y{}^2$ で

あり，表より

$$s_y{}^2=\frac{9+16+1+0+1+0+9+0+4+0}{10}$$

☜ もちろん

$$\overline{y}=\frac{(yの値の和)}{10}$$

として求めてもよい.

$$=4.$$

$s_y \geqq 0$ より，

$$s_y = 2.$$

(3) x と y の偏差の積 $(x-\overline{x})(y-\overline{y})$ は次表のようになる．

x	y	$x-\overline{x}$	$y-\overline{y}$	$(x-\overline{x})(y-\overline{y})$
14	19	1	3	3
17	20	4	4	16
12	15	-1	-1	1
12	16	-1	0	0
13	15	0	-1	0
11	16	-2	0	0
9	13	-4	-3	12
14	16	1	0	0
12	14	-1	-2	2
16	16	3	0	0
計				34

よって，x と y の共分散を s_{xy} とすると，

$$s_{xy} = \frac{34}{10} = 3.4.$$

また，(1), (2) より，

$$s_x = \sqrt{5}, \quad s_y = 2$$

であるから，x と y の相関係数を r_{xy} とすると，

$$r_{xy} = \frac{s_{xy}}{s_x s_y} = \frac{3.4}{\sqrt{5} \cdot 2} = 0.34\sqrt{5}.$$

ここで，$2.23 < \sqrt{5} < 2.24$ であるから，

$$0.7582 < r_{xy} < 0.7616.$$

よって，小数第3位を四捨五入すると，

$$r_{xy} \doteqdot 0.76.$$

✎ $2.23^2 = 4.9729$,
$2.24^2 = 5.0176$.

(4)　1回目に比べて2回目は，平均点が3点上がっ
たが，標準偏差は $\sqrt{5}$（$\fallingdotseq2.2$）から2であまり変
化がなく，散らばり具合は同程度といえる．

　また，相関係数は約0.76で，1回目と2回目
の得点には比較的強い正の相関がある．

☞解答例である．
　平均値の変化，散らばり
具合の変化，相関の強さ
に触れていれば，これ以
外の表現でもよい．

演習 4・4

英語のテストの得点を変量 x, 数学のテストの得点を変量 y, 合計点を変量 z (すなわち $z = x + y$) とし, 30 人の英語, 数学の得点の組 (x, y) を,

$$(x_1, y_1), (x_2, y_2), (x_3, y_3), \cdots, (x_{30}, y_{30})$$

とする.

(1) 英語のテストの得点の平均値 $\overline{x}$ が 55 点, 数学のテストの得点の平均値 $\overline{y}$ が 42 点であるから,

$$\overline{x} = \frac{1}{30}\sum_{i=1}^{30} x_i = 55, \quad \overline{y} = \frac{1}{30}\sum_{i=1}^{30} y_i = 42.$$

したがって, 2 科目の合計点 z の平均値 $\overline{z}$ は,

$$\begin{aligned}
\overline{z} &= \frac{1}{30}\sum_{i=1}^{30}(x_i + y_i) \\
&= \frac{1}{30}\sum_{i=1}^{30} x_i + \frac{1}{30}\sum_{i=1}^{30} y_i \\
&= \overline{x} + \overline{y} \\
&= 55 + 42 \\
&= 97.
\end{aligned}$$

☞ $\displaystyle\sum_{i=1}^{N}(a_i + b_i) = \sum_{i=1}^{N} a_i + \sum_{i=1}^{N} b_i.$

(2) 変量 x, y, z の分散を $s_x{}^2$, $s_y{}^2$, $s_z{}^2$, 変量 x と y の共分散を s_{xy} とする.

$$s_x{}^2 = \frac{1}{30}\sum_{i=1}^{30}(x_i - \overline{x})^2,$$

$$s_y{}^2 = \frac{1}{30}\sum_{i=1}^{30}(y_i - \overline{y})^2,$$

$$s_{xy} = \frac{1}{30}\sum_{i=1}^{30}(x_i - \overline{x})(y_i - \overline{y})$$

であるから,

$$s_z{}^2 = \frac{1}{30}\sum_{i=1}^{30}(x_i + y_i - \overline{z})^2$$

$$= \frac{1}{30}\sum_{i=1}^{30}\{(x_i + y_i) - (\overline{x} + \overline{y})\}^2 \quad (\text{(1) より})$$

$$= \frac{1}{30}\sum_{i=1}^{30}\{(x_i - \overline{x}) + (y_i - \overline{y})\}^2$$

$$= \frac{1}{30}\sum_{i=1}^{30}(x_i - \overline{x})^2 + \frac{1}{30}\sum_{i=1}^{30}(y_i - \overline{y})^2$$

$$+ 2 \cdot \frac{1}{30}\sum_{i=1}^{30}(x_i - \overline{x})(y_i - \overline{y})$$

$$= s_x{}^2 + s_y{}^2 + 2s_{xy}.$$

したがって，$s_z{}^2$ を計算するには，$s_x{}^2$，$s_y{}^2$ の他に s_{xy} が必要であるから，与えられた条件だけでは $s_z{}^2$ を求めることができない．

よって，答は ③ である．

演習 4・5

(1) テスト A とテスト B の正答数を順に x 問，y 問とし，変量 x，y の仮平均を 16，21 として，
$$X = x - 16, \qquad Y = y - 21$$
とおくと，次の表を得る.

☜最頻値を仮平均とした. こうすると，X，Y の欄に 0 が多くなり，計算が楽になる.

番号	x	y	X	Y	X^2	Y^2	XY
1	18	25	2	4	4	16	8
2	19	18	3	-3	9	9	-9
3	16	22	0	1	0	1	0
4	12	21	-4	0	16	0	0
5	17	25	1	4	1	16	4
6	16	21	0	0	0	0	0
7	11	21	-5	0	25	0	0
8	18	18	2	-3	4	9	-6
9	17	18	1	-3	1	9	-3
10	16	21	0	0	0	0	0
合計			0	0	60	60	-6

よって，X，Y，X^2，Y^2，XY の平均をそれぞれ $\overline{X}$，$\overline{Y}$，$\overline{X^2}$，$\overline{Y^2}$，$\overline{XY}$ と表すと，

$$\overline{X} = \frac{0}{10} = 0, \quad \overline{Y} = \frac{0}{10} = 0,$$

$$\overline{X^2} = \frac{60}{10} = 6, \quad \overline{Y^2} = \frac{60}{10} = 6,$$

$$\overline{XY} = \frac{-6}{10} = -0.6.$$

☜仮平均を用いた平均値，分散，共分散の計算法については，**例題 2・5**，**2・9** も参照.

したがって，x, X, y, Y の標準偏差をそれぞれ s_x, s_X, s_y, s_Y, x と y の共分散を s_{xy}, X と Y の共分散を s_{XY} と表すと，

$$s_x{}^2 = s_X{}^2 = \overline{X^2} - (\overline{X})^2 = 6,$$
$$s_y{}^2 = s_Y{}^2 = \overline{Y^2} - (\overline{Y})^2 = 6,$$
$$s_{xy} = s_{XY} = \overline{XY} - \overline{X} \cdot \overline{Y} = -0.6.$$

よって，x と y の相関係数を r_{xy} と表すと，

$$r_{xy} = \frac{s_{xy}}{s_x s_y} = \frac{-0.6}{\sqrt{6}\,\sqrt{6}} = -0.1.$$

☞ x と y にはほとんど相関関係がないことがわかる．

(2) テストAとテストBの得点を順に t 点，u 点とし，変量 t, u の標準偏差をそれぞれ s_t, s_u, t と u の共分散を s_{tu}, 相関係数を r_{tu} と表すと，$t = 5x$, $u = 4y$ より，

$$s_t = 5s_x, \quad s_u = 4s_y, \quad s_{tu} = 5 \cdot 4 \cdot s_{xy}.$$

よって，

$$s_{tu} = 20s_{xy} = -12,$$
$$r_{tu} = \frac{s_{tu}}{s_t s_u} = \frac{20s_{xy}}{5s_x \cdot 4s_y} = \frac{s_{xy}}{s_x s_y} = r_{xy} = -0.1$$

である．

☞ $t = ax + b$, $u = cy + d$
($ac \neq 0$) のとき，
$s_t = |a|s_x$, $s_u = |c|s_y$,
$s_{tu} = ac s_{xy}$
であり，このことから，
$$\begin{cases} ac > 0 \Longrightarrow r_{tu} = r_{xy}, \\ ac < 0 \Longrightarrow r_{tu} = -r_{xy} \end{cases}$$
となる．

演習4・6

変量 x, y の共分散を s_{xy} とすると,

$$s_{xy} = \overline{xy} - \overline{x} \cdot \overline{y}$$

であり,

$$\overline{x} = \frac{1}{2N+1} \sum_{k=-N}^{N} k = 0,$$

$$\overline{xy} = \frac{1}{2N+1} \sum_{k=-N}^{N} k \cdot k^2 = \frac{1}{2N+1} \sum_{k=-N}^{N} k^3 = 0.$$

よって,

$$s_{xy} = 0 - 0 \cdot \overline{y} = 0$$

であるから, x, y の相関係数を r とおくと, $s_x \neq 0$, $s_y \neq 0$ に注意して,

$$r = \frac{s_{xy}}{s_x s_y} = 0.$$

☜共分散は,
 (積の平均)−(平均の積)
 で求まる.

☜正の k と負の k がちょうど打ち消し合っている.

☜$\overline{y}$ の値によらず s_{xy} の値は0になるため, $\overline{y}$ は求めなくてよい.

☜s_x, s_y の値によらず r の値は0になるため, s_x, s_y は求めなくてよい.

演習4・7

x の平均値を $\overline{x}$，　　y の平均値を $\overline{y}$，

x^2 の平均値を $\overline{x^2}$，　　xy の平均値を $\overline{xy}$，

x の標準偏差を s_x，　y の標準偏差を s_y，

x と y の共分散を s_{xy}

とする.

☞　$s_x{}^2=\overline{x^2}-(\overline{x})^2$,
$s_{xy}=\overline{xy}-\overline{x}\cdot\overline{y}$
を用いる.

(1)　l は n の約数であるから，正の整数 d を用いて

$$n=dl$$

と表せる.

$x_k=R_l(k-1)+1$ より，数列 $\{x_k\}$ $(1\leqq k\leqq n)$ は,

$$1,\ 2,\ 3,\ \cdots,\ l$$

を d 回繰り返して得られる数列である.

よって,

$$\overline{x}=\frac{1}{n}\left(\sum_{j=1}^{l}j\right)\cdot d$$

$$=\frac{d}{n}\cdot\frac{1}{2}l(l+1)$$

$$=\frac{1}{2}(l+1),$$

☞ $n=dl$ より.

$$\overline{x^2}=\frac{1}{n}\left(\sum_{j=1}^{l}j^2\right)\cdot d$$

$$=\frac{d}{n}\cdot\frac{1}{6}l(l+1)(2l+1)$$

$$=\frac{1}{6}(l+1)(2l+1)$$

☞ $n=dl$ より.

であるから,

$$s_x{}^2=\overline{x^2}-(\overline{x})^2$$

$$=\frac{1}{6}(l+1)(2l+1)-\left\{\frac{1}{2}(l+1)\right\}^2$$

$$=\frac{1}{12}(l+1)\{2(2l+1)-3(l+1)\}$$

$$=\frac{1}{12}(l+1)(l-1).$$

$$s_x=\frac{1}{2\sqrt{3}}\sqrt{(l+1)(l-1)}.$$

また，$m=n$ のとき，$n=1\cdot m$ と表せるから，数列 $\{y_k\}$ $(1\leqq k\leqq n)$ は，

$$1,\ 2,\ 3,\ \cdots,\ n$$

である．したがって，$\overline{x}$, s_x の計算と同様にして，

$$\overline{y}=\frac{1}{2}(n+1),\quad s_y=\frac{1}{2\sqrt{3}}\sqrt{(n+1)(n-1)}.$$

さらに，$x_k=j\,(j=1,\,2,\,3,\,\cdots,\,l)$ となる k に対する y_k の値は

$$j,\ l+j,\ 2l+j,\ \cdots,\ (d-1)l+j$$

であるから，$x_k=j$ となるすべての k に対する積 $x_k y_k$ の合計を T_j とすると，

$$T_j=\sum_{q=0}^{d-1}j(ql+j)$$

$$=jl\sum_{q=0}^{d-1}q+j^2\sum_{q=0}^{d-1}1$$

$$=jl\cdot\frac{1}{2}(d-1)d+j^2\cdot d$$

$$=dj^2+\frac{1}{2}dl(d-1)j.$$

よって，

$$\overline{xy}=\frac{1}{n}\sum_{k=1}^{n}x_k y_k$$

$$=\frac{1}{n}\sum_{j=1}^{l}T_j$$

$$=\frac{1}{n}\left\{d\sum_{j=1}^{l}j^2+\frac{1}{2}dl(d-1)\sum_{j=1}^{l}j\right\}$$

☞ $n=dl$ で
　l の代わりに $m(=n)$，
　d の代わりに 1
　としたものに相当する．

☞ $y_k=ql+j$
　$(q=0,\,1,\,2,\,\cdots,\,d-1)$
　と表せる．

$$=\overline{x^2}+\frac{1}{2}l(d-1)\overline{x}$$

であるから,

$$s_{xy}=\overline{xy}-\overline{x}\cdot\overline{y}$$

$$=\overline{x^2}+\frac{1}{2}l(d-1)\overline{x}-\overline{x}\cdot\frac{1}{2}(n+1)$$

$$=\overline{x^2}+\frac{\overline{x}}{2}\{(n-l)-(n+1)\}$$

$$=\overline{x^2}-\frac{\overline{x}}{2}(l+1)$$

$$=\overline{x^2}-(\overline{x})^2$$

$$=s_x{}^2$$

$$=\frac{1}{12}(l+1)(l-1).$$

以上より,

$$r=\frac{s_{xy}}{s_x s_y}$$

$$=\frac{\dfrac{1}{12}(l+1)(l-1)}{\dfrac{1}{2\sqrt{3}}\sqrt{(l+1)(l-1)}\cdot\dfrac{1}{2\sqrt{3}}\sqrt{(n+1)(n-1)}}$$

$$=\frac{\sqrt{(l+1)(l-1)}}{\sqrt{(n+1)(n-1)}}.$$

(2)　$n=l(l+1)$, $m=l+1$ のとき, (1)と同様に考えて, 数列 $\{x_k\}$ $(1\le k\le n)$ は,

$$1,\ 2,\ 3,\ \cdots,\ l$$

を $l+1$ 回繰り返して得られる数列であり, 数列 $\{y_k\}$ $(1\le k\le n)$ は,

$$1,\ 2,\ 3,\ \cdots,\ l,\ l+1$$

を l 回繰り返して得られる数列である.

　　よって, (1)の $\overline{x}$, s_x の計算と同様にして,

（右側注釈）

☜ $\overline{x^2}=\dfrac{d}{n}\displaystyle\sum_{j=1}^{l}j^2,$

　$\overline{x}=\dfrac{d}{n}\displaystyle\sum_{j=1}^{l}j$ より.

☜ $\overline{y}=\dfrac{1}{2}(n+1)$ より.

☜ $n=dl$ より.

☜ $\overline{x}=\dfrac{1}{2}(l+1)$ より.

$$\overline{x} = \frac{1}{2}(l+1), \quad s_x = \frac{1}{2\sqrt{3}}\sqrt{(l+1)(l-1)},$$

$$\overline{y} = \frac{1}{2}(l+2), \quad s_y = \frac{1}{2\sqrt{3}}\sqrt{(l+2)l}.$$

さらに，$y_k = j$ $(j=1, 2, 3, \cdots, l+1)$ となる k の値は

$$k = q(l+1) + j \quad (q=0, 1, 2, \cdots, l-1)$$

であり，この k は

$$k = ql + (q+j)$$

と表せて，$1 \le q+j \le 2l$ であるから，対応する x_k の値は

$$x_k = \begin{cases} q+j & (q+j \le l \text{ のとき}), \\ q+j-l & (q+j > l \text{ のとき}) \end{cases}$$

となる．これは x_k の値として

$$1, \ 2, \ 3, \ \cdots, \ l$$

が 1 回ずつ現れることを意味する．

よって，$y_k = j$ となるすべての k に対する積 $x_k y_k$ の合計を U_j とすると，

$$U_j = \sum_{i=1}^{l} ij = \frac{1}{2}l(l+1)j.$$

したがって，

$$\overline{xy} = \frac{1}{n}\sum_{k=1}^{n} x_k y_k$$

$$= \frac{1}{n}\sum_{j=1}^{l+1} U_j$$

$$= \frac{1}{n} \cdot \frac{1}{2}l(l+1)\sum_{j=1}^{l+1} j$$

$$= \frac{1}{n} \cdot \frac{1}{2}l(l+1) \cdot \frac{1}{2}(l+1)(l+2)$$

$$= \frac{1}{4}(l+1)(l+2)$$

☜ d の代わりに $l+1$ としたものに相当する．

☜ l の代わりに $l+1$, d の代わりに l としたものに相当する．

☜ $n = l(l+1)$ より．

$$= \overline{x} \cdot \overline{y}$$

であるから，

$$s_{xy} = \overline{xy} - \overline{x} \cdot \overline{y} = 0.$$

よって，

$$r = \frac{s_{xy}}{s_x s_y} = 0.$$

(参考)

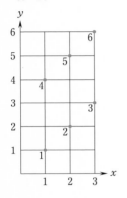

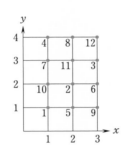

(1)の散布図　　　　　(2)の散布図

$n=6,\ l=3$ のとき　　　　$l=3$ のとき

　点の左下の番号は，点 $(x_k,\ y_k)$ の k を表したもの．

☞ $\overline{x} = \frac{1}{2}(l+1)$,

　$\overline{y} = \frac{1}{2}(l+2)$ より.

演習 4・8

(1)　$A=\sum\limits_{i=1}^{N}x_i{}^2$,　$B=\sum\limits_{i=1}^{N}x_iy_i$,　$C=\sum\limits_{i=1}^{N}y_i{}^2$　とおく.

　　任意の実数 t に対して $(x_it-y_i)^2\geqq0$ が成り立つから, 任意の実数 t に対して,

$$\sum\limits_{i=1}^{N}(x_it-y_i)^2\geqq0$$

が成り立つ.

　　この不等式を整理すると,

$$\left(\sum\limits_{i=1}^{N}x_i{}^2\right)t^2-2\left(\sum\limits_{i=1}^{N}x_iy_i\right)t+\sum\limits_{i=1}^{N}y_i{}^2\geqq0.$$

$$At^2-2Bt+C\geqq0.$$

　　この式の左辺を $f(t)$ とおく. すなわち,

$$f(t)=At^2-2Bt+C.$$

　　ここで, $x_i{}^2\geqq0$ より, $A=\sum\limits_{i=1}^{N}x_i{}^2\geqq0$ である.

(ⅰ)　$A>0$ のとき,

$$f(t)=A\left(t-\frac{B}{A}\right)^2+C-\frac{B^2}{A}$$

であるから, 任意の実数 t に対して $f(t)\geqq0$ が成り立つことより,

$$C-\frac{B^2}{A}\geqq0.$$

　　よって, $A>0$ より, $B^2\leqq AC$ すなわち(*)が成り立つ.

(ⅱ)　$A=0$ のとき, すなわちすべての x_i が 0 のとき, (*)の両辺はともに 0 となるから(*)は成り立つ.

　　以上より, (*)は成り立つ.

☜目標の不等式(*)は,
$$B^2\leqq AC$$

☜$A>0$ のとき, $u=f(t)$ のグラフは, tu 平面上で下に凸の放物線.

☜「任意の実数 t に対して $f(t)\geqq0$」
$\iff(f(t)$ の 最小値$)\geqq0$

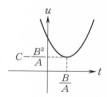

この条件は, $f(t)=0$ の判別式を D とすると, $D\leqq0$ $(A>0)$ と表すこともできる.

(2) x, y の分散を $s_x{}^2$, $s_y{}^2$, 共分散を s_{xy} とすると,

$$s_x{}^2 = \frac{1}{N}\sum_{i=1}^{N}(x_i - \overline{x})^2 = \frac{1}{N}\sum_{i=1}^{N}X_i{}^2,$$

$$s_y{}^2 = \frac{1}{N}\sum_{i=1}^{N}(y_i - \overline{y})^2 = \frac{1}{N}\sum_{i=1}^{N}Y_i{}^2,$$

$$s_{xy} = \frac{1}{N}\sum_{i=1}^{N}(x_i - \overline{x})(y_i - \overline{y}) = \frac{1}{N}\sum_{i=1}^{N}X_iY_i.$$

よって,

$$r = \frac{s_{xy}}{\sqrt{s_x{}^2}\sqrt{s_y{}^2}}$$

$$= \frac{\dfrac{1}{N}\sum_{i=1}^{N}X_iY_i}{\sqrt{\dfrac{1}{N}\sum_{i=1}^{N}X_i{}^2}\sqrt{\dfrac{1}{N}\sum_{i=1}^{N}Y_i{}^2}}$$

$$= \frac{\sum_{i=1}^{N}X_iY_i}{\sqrt{\sum_{i=1}^{N}X_i{}^2}\sqrt{\sum_{i=1}^{N}Y_i{}^2}}.$$

したがって,

$$r^2 = \frac{\left(\sum_{i=1}^{N}X_iY_i\right)^2}{\left(\sum_{i=1}^{N}X_i{}^2\right)\left(\sum_{i=1}^{N}Y_i{}^2\right)}.$$

ここで, (1) の結果より, 実数 X_i, Y_i に対して,

$$\left(\sum_{i=1}^{N}X_iY_i\right)^2 \leqq \left(\sum_{i=1}^{N}X_i{}^2\right)\left(\sum_{i=1}^{N}Y_i{}^2\right)$$

が成り立つから,

$$r^2 \leqq 1 \quad \text{すなわち} \quad |r| \leqq 1$$

が成り立つ.

☜ すべての X_i が 0 のとき, すなわち, すべての x_i の値が等しいとき, $s_x{}^2 = 0$ となるから, 相関係数 r は定義されない. 同様にすべての y_i の値が等しいときも, 相関係数 r は定義されない. ここではこのような特殊な状況は除いて考える.

演習4・9

(1)
$$s_x{}^2 = \frac{1}{N}\sum_{i=1}^{N}(x_i-\overline{x})^2,$$

$$s_y{}^2 = \frac{1}{N}\sum_{i=1}^{N}(y_i-\overline{y})^2,$$

$$s_{xy} = \frac{1}{N}\sum_{i=1}^{N}(x_i-\overline{x})(y_i-\overline{y})$$

であるから,

$$L(a) = \frac{1}{N}\sum_{i=1}^{N}\{y_i-a(x_i-\overline{x})-\overline{y}\}^2$$

$$= \frac{1}{N}\sum_{i=1}^{N}\{(y_i-\overline{y})-a(x_i-\overline{x})\}^2$$

$$= \frac{a^2}{N}\sum_{i=1}^{N}(x_i-\overline{x})^2 - \frac{2a}{N}\sum_{i=1}^{N}(x_i-\overline{x})(y_i-\overline{y})$$
$$+ \frac{1}{N}\sum_{i=1}^{N}(y_i-\overline{y})^2$$

$$= s_x{}^2 a^2 - 2s_{xy}a + s_y{}^2$$

$$= s_x{}^2\left(a^2 - \frac{2s_{xy}}{s_x{}^2}a\right) + s_y{}^2$$

$$= s_x{}^2\left(a - \frac{s_{xy}}{s_x{}^2}\right)^2 + s_y{}^2 - \frac{s_{xy}{}^2}{s_x{}^2}.$$

よって,$L(a)$ が最小となるような a の値は,

$$a = \frac{s_{xy}}{s_x{}^2}.$$

(2) 変量 x,y の仮平均を 10,5 として,

$$X = x-10, \quad Y = y-5$$

とおくと,次の表を得る.

> ☞ $\{(y_i-\overline{y})-a(x_i-\overline{x})\}^2$
> $= a^2(x_i-\overline{x})^2$
> $\quad -2a(x_i-\overline{x})(y_i-\overline{y})$
> $\quad +(y_i-\overline{y})^2$

> ☞ $L(a)$ は a の 2 次関数であり,a^2 の係数は正であるから,平方完成で最小値が求まる.

> ☞ 最頻値を仮平均とした.

x	y	X	Y	X^2	XY
2	2	-8	-3	64	24
3	5	-7	0	49	0
5	8	-5	3	25	-15
8	4	-2	-1	4	2
10	5	0	0	0	0
10	6	0	1	0	0
13	5	3	0	9	0
14	12	4	7	16	28
17	8	7	3	49	21
18	15	8	10	64	80
合計		0	20	280	140

よって,

$$\overline{X}=\frac{0}{10}=0, \quad \overline{Y}=\frac{20}{10}=2$$

より,

$$\overline{x}=\overline{X}+10=10, \quad \overline{y}=\overline{Y}+5=7.$$

また,

$$\overline{X^2}=\frac{280}{10}=28, \quad \overline{XY}=\frac{140}{10}=14$$

より,

$$s_x{}^2=s_X{}^2=\overline{X^2}-(\overline{X})^2=28,$$
$$s_{xy}=s_{XY}=\overline{XY}-\overline{X}\cdot\overline{Y}=14.$$

したがって, 回帰直線 $y=f(x)$ の傾き a は,

$$a=\frac{s_{xy}}{s_x{}^2}=\frac{14}{28}=\frac{1}{2}$$

であるから, 回帰直線の方程式は,

$$y=\frac{1}{2}(x-10)+7 \text{ すなわち } y=\frac{1}{2}x+2.$$

☞仮平均を用いた平均値, 分散, 共分散の計算法については, **例題 2・5, 2・9** も参照.

演習4・10

(1) テストＡの得点を変量 x とする．仮平均を 40 点とし，$X=x-40$ とすると，次の表を得る．

得点 x	人数 f	X	Xf	X^2f
10	2	-30	-60	1800
20	5	-20	-100	2000
30	7	-10	-70	700
40	12	0	0	0
50	7	10	70	700
60	5	20	100	2000
70	2	30	60	1800
合計	40		0	9000

よって，x，X の平均値をそれぞれ $\overline{x}$，$\overline{X}$，標準偏差をそれぞれ s_x，s_X とすると，

$$\overline{x}=\overline{X}+40=\frac{0}{40}+40=40,$$

$$s_x{}^2=s_X{}^2=\frac{9000}{40}-0^2=225=15^2.$$

したがって，テストＡの得点の平均値は 40 点，標準偏差は 15 点であるから，偏差値が 70 以上の生徒の得点を x とすると，

$$\frac{x-40}{15}\times10+50\geqq70 \ \text{より}\ x\geqq70.$$

よって，その人数は 2 人である．

☜得点の分布は 40 点を中心に対称であるから，この仮平均が平均値に等しいことは直観的に明らかである．
仮平均を用いた平均値，分散の計算法については，**例題 2・5**，**2・9** も参照．

☜$\overline{X}=0$

☜$\overline{x}=40$，$s_x=15$ より，得点と偏差値の対応は，以下のようになる．

```
10 25 40 55 70   得点
├──┼──┼──┼──┤──→ x
30 40 50 60 70  偏差値
```

次に，テストBの得点を変量 y とする．仮平均を60点とし，$Y=y-60$ とすると，次の表を得る．

☞テストBの得点の平均値が60点であることも，テストAと同じく直観的に明らかである．

得点 y	人数 f	Y	Yf	Y^2f
40	5	-20	-100	2000
60	30	0	0	0
80	5	20	100	2000
合計	40		0	4000

よって，y，Y の平均値をそれぞれ $\overline{y}$，$\overline{Y}$，標準偏差をそれぞれ s_y，s_Y とすると，

$$\overline{y} = \overline{Y}+60 = \frac{0}{40}+60 = 60,$$

$$s_y{}^2 = s_Y{}^2 = \frac{4000}{40}-0^2 = 100 = 10^2.$$

したがって，テストBの得点の平均値は **60** 点，標準偏差は **10** 点であるから，偏差値が70以上の生徒の得点を y とすると，

$$\frac{y-60}{10}\times10+50 \geqq 70 \quad より \quad y \geqq 80.$$

よって，その人数は **5** 人である．

☞$\overline{y}=60$，$s_y=10$ より，得点と偏差値の対応は，以下のようになる．

40 50 60 70 80 得点
30 40 50 60 70 偏差値

(2) 偏差値が $50+10a$ 以上または $50-10a$ 以下の生徒の得点を x とすると，

$$\frac{x-\overline{x}}{s_x}\times10+50 \geqq 50+10a$$

または　$\dfrac{x-\overline{x}}{s_x}\times10+50 \leqq 50-10a.$

よって，

$$x-\overline{x} \geqq as_x \quad または \quad x-\overline{x} \leqq -as_x,$$

すなわち，

$$(x-\overline{x})^2 \geqq (as_x)^2.$$

偏差値が $50+10a$ 以上または $50-10a$ 以下の M 人の生徒について，$(x-\overline{x})^2$ の和をとると，

$$\sum_{i=1}^{M}(x_i-\overline{x})^2 \geqq (as_x)^2 M.$$

よって，

$$\sum_{i=1}^{N}(x_i-\overline{x})^2 = \sum_{i=1}^{M}(x_i-\overline{x})^2 + \sum_{i=M+1}^{N}(x_i-\overline{x})^2$$
$$\geqq (as_x)^2 M + 0\cdot(N-M)$$

より，

$$\sum_{i=1}^{N}(x_i-\overline{x})^2 \geqq (as_x)^2 M. \qquad \cdots ①$$

一方，

$$s_x{}^2 = \frac{1}{N}\sum_{i=1}^{N}(x_i-\overline{x})^2$$

より，

$$\sum_{i=1}^{N}(x_i-\overline{x})^2 = s_x{}^2 N. \qquad \cdots ②$$

①，②より，

$$s_x{}^2 N \geqq (as_x)^2 M$$

となるから，

$$\frac{M}{N} \leqq \frac{1}{a^2}.$$

☜ $i=M+1,\ M+2,\ \cdots,\ N$
について は，
$$(x_i-\overline{x})^2 \geqq 0$$
であることを用いた．

☜等号が成り立つのは，
$$i=1,\ 2,\ \cdots,\ M$$
について
$$(x_i-\overline{x})^2 = (as_x)^2$$
かつ
$$i=M+1,\ M+2,\ \cdots,\ N$$
について
$$(x_i-\overline{x})^2 = 0$$
のときである．

演習 4・11

　Q が頂点 d に存在する確率が $\dfrac{1}{4}$ という仮説のも

とで，「Q の位置を異なる時刻で 10 回観測したと

き，Q が頂点 d に存在する回数」を X とし，

$X=k$ となる確率を P_k とすると，

$$P_k = {}_{10}C_k\left(\frac{1}{4}\right)^k\left(\frac{3}{4}\right)^{10-k} = \frac{{}_{10}C_k\,3^{10-k}}{4^{10}}.$$

　ここで，

$$10\cdot\frac{1}{4}=2.5$$

であるから，10 回中 6 回 d に存在するのは，仮説

から考えてかなり多い．したがって，Q が 10 回中

6 回**以上**存在する確率について調べる．

　Q が 10 回中 6 回以上 d に存在する確率は，

$P_6+P_7+P_8+P_9+P_{10}$

$$=\frac{{}_{10}C_6\,3^4}{4^{10}}+\frac{{}_{10}C_7\,3^3}{4^{10}}+\frac{{}_{10}C_8\,3^2}{4^{10}}+\frac{{}_{10}C_9\,3^1}{4^{10}}+\frac{{}_{10}C_{10}\,3^0}{4^{10}}$$

$$=\frac{1}{2^{20}}(210\cdot81+120\cdot27+45\cdot9+10\cdot3+1\cdot1)$$

$$=\frac{20686}{2^{20}}.$$

　ここで，

$$2^{10}=1024>1000 \quad より \quad 2^{20}>1000^2=1000000$$

であるから，

$$P_6+P_7+P_8+P_9+P_{10}<\frac{20686}{1000000}=0.020686$$

となり，Q が 10 回中 6 回以上存在する確率は 5 ％

より小さいことがわかる．

　したがって，有意水準 5 ％で仮説は棄却される．

☞反復試行の確率の公式を
　用いた．

☞X は二項分布 $B\left(10,\ \dfrac{1}{4}\right)$
　に従うから，X の平均
　値 $E(X)$ は
$$E(X)=10\cdot\frac{1}{4}.$$

☞観測回数が増えると，
　「d に存在する回数」k の
　種類も増え，各 k に対
　する確率は小さくなって
　いく．
　つまり，その回数が正常
　であるかどうかに関係な
　く，特定の回数 k に対
　する確率は小さくなって
　いく．
　したがって，
　　「6 回が異常に**多い**」
　かどうかを判断するに
　は，
　　「6 回**以上**存在する
　　　確率が 5 ％以下」
　かどうかで判断する．